REVUE SEMESTRIELLE DES PUBLICATIONS MATHÉMATIQUES

VEREENIGD MET

JAHRBUCH ÜBER DIE FORTSCHRITTE DER MATHEMATIK

UITGEGEVEN DOOR DE

PREUSSISCHE AKADEMIE DER WISSENSCHAFTEN

MET BIJZONDERE MEDEWERKING VAN HET

WISKUNDIG GENOOTSCHAP TE AMSTERDAM

REDACTIE

GEORG FEIGL, JAN ARNOLDUS SCHOUTEN

REVUE SEMESTRIELLE DES PUBLICATIONS MATHÉMATIQUES

DEEL 38. JAARGANG 1933. NR. 3

WALTER DE GRUYTER & CO.

VORMALS G.J. GÖSCHEN'SCHE VERLAGSHANDLUNG / J. GUTTENTAG, VERLAGSBUCHHANDLUNG / GEORG REIMER / KARL J. TRÜBNER / VEIT & COMP.

BERLIN 1933 LEIPZIG

P. NOORDHOFF, GRONINGEN. — GAUTHIER-VILLARS & CIE., PARIS. — G. E. STECHERT & CO., NEW YORK

Inhoud Inhalt

Jedem Titel sind in Fettdruck die Gebietsmarken des „Jahrbuchs über die Fortschritte der Mathematik" (vor dem Semikolon) und der „Revue semestrielle des publications mathématiques" (hinter dem Semikolon) beigegeben. Bezüglich der Gebietsmarken der „Revue semestrielle" wird auf den Index der „Revue semestrielle" verwiesen; die des „Jahrbuchs" werden im folgenden angegeben:

I. Geschichte. Philosophie. Pädagogik. **1.** Geschichte. **2.** Philosophie. **3.** Pädagogik.

II. Mengenlehre. (Abstrakte Mengen. Punktmengen.)

III. Arithmetik und Algebra. **1.** Allgemeines. Elementare Arithmetik und Algebra. **2.** Kombinatorik. Determinanten und Matrizen. **3.** Theorie der algebraischen Gleichungen und der Polynome. **4.** Algebraische Theorie der Formen. **5.** Gruppentheorie und abstrakte Algebra. **6.** Elementare Zahlentheorie. **7.** Idealtheorie. **8.** Analytische Zahlentheorie. **9.** Diophantische Approximationen. Geometrie der Zahlen. Transzendente Zahlen.

IV. Analysis. **1.** Grundlagen und Allgemeines. **2.** Theorie der unendlichen Zahlenfolgen. **3.** Allgemeine Theorie der reellen Funktionen: **A.** Differentialrechnung. **B.** Integralrechnung. **C.** Neuere Theorie der reellen Funktionen. **D.** Trigonometrische Reihen und Verwandtes. **4.** Allgemeine Theorie der Funktionen komplexer Argumente. **5.** Konforme Abbildung und Uniformisierung. **6.** Besondere Funktionen: **A.** Elementare Funktionen. Die Γ-Funktion und verwandte Funktionen. **B.** Hypergeometrische Funktionen, Kugelfunktionen und verwandte Funktionen. **C.** Algebraische Funktionen und ihre Integrale. **D.** Elliptische Funktionen nebst Anwendungen. Elliptische Modulfunktionen. **E.** Hyperelliptische und Abelsche Funktionen. **F.** Automorphe Funktionen. **7.** Integralgleichungen. Funktionen von unendlich vielen Veränderlichen. Funktionalanalysis. **8.** Kontinuierliche Gruppen. Differentialinvarianten. Integralinvarianten. **9.** Gewöhnliche Differentialgleichungen. **10.** Randwertaufgaben bei gewöhnlichen Differentialgleichungen. Entwicklungssätze. **11.** Differenzenrechnung. Analytische Theorie der Kettenbrüche. **12.** Partielle Differentialgleichungen. **13.** Potentialtheorie. Theorie der partiellen Differentialgleichungen vom elliptischen Typus. **14.** Parabolische und hyperbolische Differentialgleichungen. **15.** Variationsrechnung. **16.** Wahrscheinlichkeitsrechnung und Anwendungen. **17.** Praktische Analysis.

V. Geometrie. **1.** Allgemeines. Grundlagen der Geometrie. **2.** Topologie. **3.** Elementargeometrie. **4.** Darstellende Geometrie. **5.** Algebraische Geometrie: **A.** Allgemeines. Birationale Transformationen. **B.** Kurven zweiten Grades. **C.** Ebene algebraische Kurven. **D.** Flächen zweiten Grades. **E.** Algebraische Raumkurven, Flächen und Liniensysteme. **F.** Algebraische Gebilde in Räumen von mehr als drei Dimensionen. **6.** Differentialgeometrie: **A.** Allgemeines. Differentialgeometrie in der Euklidischen Ebene. **B.** Differentialgeometrie im dreidimensionalen Euklidischen Raum. **C.** Differentialgeometrie in mehrdimensionalen und allgemeinen Räumen. **D.** Konvexe Punktmengen. **7.** Vektor- und Tensorrechnung. **8.** Geometrische Optik.

VI. Mechanik. **1.** Allgemeines. **2.** Kinematik. **3.** Statik und Dynamik. **4.** Mechanik der Kontinua: **A.** Elastizitäts- und Festigkeitslehre. **B.** Hydrostatik und Hydrodynamik. Hydraulik. Aerodynamik.

VII. Mathematische Physik. **1.** Allgemeines. **2.** Relativitätstheorie. **3.** Quantentheorie.

VIII. Geodäsie und Geophysik. Astronomie. **1.** Geodäsie und Geophysik. **2.** Astronomie: **A.** Allgemeines. Sphärische Astronomie. **B.** Himmelsmechanik. **C.** Astrophysik.

A. Periodieke Publicaties.
Periodische Veröffentlichungen.

Anales de la Sociedad científica Argentina. 114 (1932), 5-6; 115, 1-5.

C. E. Dieulefait. Fundamentos para una teoría general de la correlación. 115, 20-22. **IV 16; J 2 e ε.**

C. E. Dieulefait. Sobre una nueva generación de polinomios ortogonales. 23-25. **IV 3 D; D 1 b.**

J. C. Vignaux. Algunos teoremas sobre producto de series sumables Borel. 25-27. **IV 2; D 2 a η.**

C. C. D. Pablo Barbarin. 46-49. **I 1; V 10 a.**

C. C. Dassen. Géométrie analytique vectorielle. IV: Intersection de circonférences. 87-102. **V 7; B 12 f.**

J. C. Vignaux. Nuevo método de sumación de integrales y su aplicación a la integral de Laplace. 103-104. **IV 2; D 2 a.**

C. C. Dassen. Réflexions sur quelques antinomies et sur la logique empiriste. 135-166, 199-232, 275-296. **I 2; V 1 b.**

J. C. Vignaux. Sobre la generalización del método de Le Roy. 167-168. **IV 2; D 2.**

C. E. Dieulefait. Generalización de las curvas del profesor Karl Pearson. 194-196. **IV 16; J 2 e.**

J. C. Vignaux. Sobre una generalización del método de sumación de Abel. 264-272. **IV 2; D 2 a.**

Mathesis. 46 (1932), 8-10.

L. Godeaux. Sur certains faisceaux de sextiques d'Halphen. 333-340. **V 5 C; M¹ 7 b.**

R. H. J. Germay. Sur les fonctions de Riemann, associées aux solutions des équations intégro-différentielles linéaires. II. 341-349. **IV 7; H 11 c.**

R. Goormaghtigh. Sur une démonstration et une généralisation du theorème de l'orthopôle. 349-350. **V 5; K¹ 2.**

R. Deaux. Identités entre fonctions circulaires ou hyperboliques. 350-353. **IV 9 A; D 6 b, d.**

B. Umé. Exercices de géométrie infinitésimale. Congruences des tangentes à des géodésiques d'une surface développable. II-IV. 354-357, 409-412, 454-457. **V 6 B; O¹ 5 l.**

Ad. M. Des droites de Simson et de l'orthopôle. 357-360, 450-453. **V 3; K¹ 2 a.**

V. Thébault. Sur les points de Feuerbach. 361-362. **V 3; K¹ 2 c.**

V. Thébault. Sur les bissectrices du triangle. (Avec une note par Ad. M.) 366-367. **V 3; K¹ 2.**

R. Goormaghtigh. Cercles associés à un triangle. 367-368. **V 3; K¹ 2 c.**

J. D. Hill. Sur le système diophantien $x^2 - 5 = u^2, x^2 + 5 = v^2$. 368. **III 6; I 19.**

V. Thébault. Sur les centres de similitude des cercles inscrit et circonscrit au triangle. 368-370. **V 3; K¹ 2.**

J. Leemans. Démonstration de la formule de Legendre relative à la fonction Γ. 370. **IV 6 A; E 1.**

V. Thébault. Sur la géométrie du tétraèdre. I, II. I: Sphères remarquables du tétraèdre. II: Sphères de Tücker et de Taylor. Supplément, 14 p. **V 3; K¹ 13.**

J. Dieudonné. Sur les faisceaux conjugués. 384-394. **V 3; K¹ 2.**

P. Ver Eecke. Le théorème dit de Guldin considéré au point de vue historique. 395-397. **I 1; V 2 b.**

D. V. Jonesco. Quelques propriétés des coniques et des quadriques. (Avec une note par Ad. M.) 398-400. **V 5 B, D; L^1 7, L^2.**

M. Deweck. Sur la nomographie des équations à quatre variables. 401-408. **IV 17; X 8.**

R. Goormaghtigh. Sur certaines aires de triangles. 413-414. **V 3; K^1 1 d.**

V. Thébault. Sur les nombres terminaux des carrés. 418-419. **III 6; I 2.**

Le théorème d'Yvon Villarceau sur le tore. 419. **V 5 E; M^2 2.**

V. Thébault. Curiosités arithmétiques. 419-421, 462-463. **III 6; I 2.**

V. Thébault. Sur une généralisation des théorèmes de Noyer-Droz-Farny et Neuberg. 421-422. **V 3; K^1 2.**

R. Deaux. Sur les développées des courbes gauches. 438-444. **V 6 B; O^1 3.**

R. Goormaghtigh. Sur deux cas particuliers du problème d'Apollonius. 445-449. **V 3; K^1 2.**

G. Roy. Sur un théorème de von Staudt (M, 1926-270). 462. **V 5 B; L^1 16.**

G. Roy. Une propriété de cercles associés au triangle. 464. **V 3; K^1 2 a.**

Revue des Questions scientifiques. (4) 23.

P. Humbert. La détermination des distances stellaires. 5-22. **VIII 2 B; $\overline{U}$ 9.**

M. de Broglie. Un nouveau type de corpuscule, le neutron. 23-32. **VII 3; T 1 c.**

L. Leprince Ringuet. Récents progrès dans le domaine des noyaux atomiques. Les transmutations artificielles. 33-52. **VII 3; T 1 c.**

H. Dopp. Le Père Victor Schaffers, S. J. 79-83. **I 1; V 10 a.**

J.-E. Maisin. La cinétique des électrons lents. 315-336. **VII 3; T 1 c.**

Calot. Le R. P. Verschaffel. 415-417. **I 1; V 10 a.**

H. Dopp. Le noyau des atomes. 417-426. **VII 3; T 1 c.**

Časopis pro Péstováni Matematiky a Fysiky. 62, 4-7.

V. Volterra. Variační počet, jeho vývoj, jeho pokroky a jeho úloha v matematické fysice. (Tschechisch.) 201-227. **IV 15; J 3.**

V. Veselý. Une démonstration élémentaire de l'identité de Hurwitz. (Tschechisch, franz. Auszug.) 117-122. **III 6; I 18.**

V. Veselý. Sur un problème analogue à celui de Waring. (Tschechisch, französ. Auszug.) 123-127. **III 6; I 17.**

F. Vycichlo. Remarque relative à la construction de la courbe normale de l'hélicoïde réglée. (Tschechisch, französ. Auszug.) 128-131. **V 4; K^1 22.**

J. Klima. Sur la détermination de l'angle de deux plans dans l'espace à quatre dimensions et sur quelques problèmes qui s'y rattachent. (Tschechisch, französ. Auszug.) 132-139. **V 4; K^1 22.**

O. Borůvka. Sur certaines surfaces paraboliques dans les espaces euclidiens à 2n-dimensions. (Tschechisch, französ. Auszug.) 140-153. **V 6 C; O^2.**

L. Illingerová. Contribution à la géométrie non-euclidienne. (Tschechisch, französ. Auszug.) 154-163. **V 1; Q 1 a.**

E. Klier. Pentagramma mirificum de Gauss dans la géométrie de Lobačevsky. (Tschechisch, französ. Auszug.) 164-170. **V 1; Q 1 a.**

J. Zahradníček. Termočlánek ve školní praksi. (Tschechisch.) D 33-D 35. **I 3; V 1 a ν.**

J. Vavřinec. Goniometrické vzorce souctové. (Tschechisch.) D 40-D 41. **I 3; V 1 a ζ.**

V. Knichal. Sur les nombres de M. Gauß. (Tschechisch.) R 73-R 76, R 101-R 105. **IV 1; B 12 a.**

J. Roháček. Sur les ellipses placées sur les surfaces de rotation, 2e degré et qui ne sont pas gauches. (Tschechisch.) R 76-R 79. **V 4; K^1 22.**

A. Wangler. Les instruments qui servent à dessiner les coniques. (Tschechisch.) R 79-R 83, R 105-R 109. **IV 17; X 8.**

K. Petr. Remarque concernant la loi de réciprocité des résidus quadratiques. (Tschechisch, französ. Auszug.) 228-230. **III 6; I 4 a β.**

L. Kučerová. Remarque concernant les parallèles de Clifford. (Tschechisch, französ. Auszug.) 231-232. **V 1; Q 1a.**

F. Nachtikal. Za prof. Václavem Felixem. (Tschechisch.) 267-271. **I 1; V 10 a.**

Abhandlungen aus dem Mathematischen Seminar der Hamburgischen Universität. 9, 3-4.

K. Reidemeister. Zur dreidimensionalen Topologie. 189-194. **V 2; Q 3.**

H. Kneser. Einfacher Beweis eines Satzes über rationale Funktionen zweier Veränderlichen. (Aus einem Brief an Herrn Blaschke.) 195-196. **IV 6 A; D 6.**

M. Zorn. Note zur analytischen hyperkomplexen Zahlentheorie. 197-201. **III 5; B 12.**

A. Wünsche. Topologische Fragen der Differentialgeometrie. 45: Vierseitgeflechte. 202-206. **V 6 A; O¹ 2.**

R. Moufang. Alternativkörper und der Satz vom vollständigen Vierseit (D_q). 207-222. **III 5, V 1; B 12, Q 1 a.**

L. Goeritz. Normalform der Systeme einfacher Kurven auf orientierbaren Flächen. 223-243. **V 2; Q 3.**

L. Goeritz. Die Abbildungen der Brezelfläche und der Vollbrezel vom Geschlecht 2. 244-259. **V 2; Q 3.**

G. Lochs. Topologische Fragen der Differentialgeometrie. 46: Eine Randwertaufgabe für Sechseckgewebe. 260-264. **V 6 A; O¹ 2.**

B. Hesselbach. Über zwei Vierecksätze der Kreisgeometrie. 265-271. **V 1; Q 1 a.**

F. Rößler. Über eine geometrische Erzeugungsweise der windschiefen uneigentlichen Affinsphären. 272. **V 6 B; N¹ 1 b.**

E. Hösel. Topologische Fragen der Differentialgeometrie. 47: Minimaldarstellung von Flächengeweben. 273-290. **V 6 B; O¹ 5.**

W. Blaschke. Topologische Fragen der Differentialgeometrie. 48: Über Gewebe von Kurven im R_3. 291-298. **V 6 B; O¹ 3.**

W. Blaschke. Topologische Fragen der Differentialgeometrie. 49: Abzählungen für Kurvengewebe und Flächengewebe. 299-312. **V 6 A, B; O¹ 2, 5.**

W. Blaschke. Topologische Fragen der Differentialgeometrie. 50: Über die Tangenten einer ebenen Kurve fünfter Klasse. 313-317. **V 6 A; O¹ 2.**

H. Nehrkorn. Über absolute Idealklassengruppen und Einheiten in algebraischen Zahlkörpern. 318-334. **III 5; B 12.**

F. Severi. Über die Grundlagen der algebraischen Geometrie. 335-364. **V 5 F; M⁶, M⁷.**

H. W. Praetorius. Die Charaktere der Modulargruppen der Stufe q^2. 365-394. **IV 6 D, III 5; F 7, J 4.**

M. Zorn. Alternativkörper und quadratische Systeme. 395-402. **III 5; B 12.**

Annalen der Physik. (5) 16.

U. Dehlinger, R. Glocker. Über die Existenz von Resistenzgrenzen bei Mischkristallen mit ungeordneter Atomverteilung. II. 100-110. **VII 3; T 1 c.**

M. Kohler. Beiträge zum kosmologischen Problem und zur Lichtausbreitung in Schwerefeldern. 129-161. **VII 2, VIII 2 C; T 1 a, U 11.**

G. Jaffé. Theorie der Leitfähigkeit polarisierbarer Medien. I, II. 217-248, 249-284. **VII 3; T 1 c.**

F. Bloch. Zur Bremsung rasch bewegter Teilchen beim Durchgang durch Materie. 285-320. **VII 3; T 1 c.**

A. J. Rutgers. Zur Dispersionstheorie des Schalles. 350-359. **VI 4 A; T 2.**

H. O. Kneser. Bemerkung zur vorstehenden Arbeit von A. J. Rutgers. 360-361. **VI 4 A; T 2.**

W. Geffken, L. Keibs. Untersuchungen über akustische Schwellenwerte. II: Das Thermophon und seine Verwendung als akustisches Meßinstrument. 404-430. **VI 4 A; T 2 c.**

R. Ladenburg. Die wahrscheinlichsten Werte der Atomkonstanten e und h. 468-472. **VII 3; T 1 c.**

W. Müller. Über den Impulssatz der Hydrodynamik für bewegte Gefäßwände und die Berechnung der Reaktionskräfte der Flüssigkeit. 489-512. **VI 4 B; S 2.**

W. Deutsch. Über die Dichteverteilung unipolarer Ionenströme. 588-612. **VII 3; T 1 c.**

H. Seyfarth. Elektronen- und Protonenspinmomente und deren Orientierungsmöglichkeiten als Folgerungen aus der quantendynamischen relativistisch-invarianten Differentialgleichung des Mehrkörperproblems. 636-646. **VII 3; T 1 c.**

C. Störmer. Über die Bahnen von Elektronen im axialsymmetrischen elektrischen und magnetischen Felde. 685-696. **VII 3; T 1 c.**

M. Born, S. Flügge. Zur Quantenmechanik des Zweiatomsystems. 768-780. **VII 3; T 1 c.**

K. F. Niessen. Bemerkung zu einer Arbeit von Murray und einer Arbeit von van der Pol und Niessen über die Ausbreitung elektromagnetischer Wellen. 810-820. **VII 1; T 7.**

Berichte über die Verhandlungen der Sächsischen Akademie der Wissenschaften zu Leipzig. Mathematisch-physische Klasse. 85, 1.

O. Hölder. Über gewisse der Möbiusschen Funktion $\mu(n)$ verwandte zahlentheoretische Funktionen, die Dirichletsche Multiplikation und eine Verallgemeinerung der Umkehrungsformeln. 3-28. **III 6; I 11.**

W. Heisenberg. Zur Geschichte der physikalischen Naturerklärung. 29-40. **I 1; V 2.**

U. Wegner. Bemerkungen über das Liesche Verfahren zur Erzeugung endlicher linearer Transformationen aus ihrem Keime und die linearen Differentialsysteme mit konstanten Koeffizienten. 41-44. **IV 8; J 4 f.**

A. Walther, Th. Zech. Bemerkungen zur angenäherten Tangentenkonstruktion von Pirani. 45-55. **IV 17; X 4.**

R. Luther. Nachruf auf Wilhelm Ostwald. 57-71. **I 1; V 10 a.**

Blätter für Versicherungs-Mathematik und verwandte Gebiete. 2, 10.

R. v. Mises. Über die Vorausberechnung von Umfang und Altersschichtung der Bevölkerung Deutschlands. 359-371. **IV 16; J 2 d.**

A. Berger. Zur Theorie der Berechnung von Versicherungswerten für mehrere verbundene Leben. 373-390. **IV 16; J 2 d.**

F. Bernstein. Säkulare Sterblichkeitsänderung und Prinzip der Gewinnverteilung einer Höcknerschen Überschußkonstanten λ. 390-392. **IV 16; J 2 d.**

Die Naturwissenschaften. 20 (1932), 45-52.

P. Jordan. Die Quantenmechanik und die Grundprobleme der Biologie und Psychologie. 815-821. **I 2; V 1 f.**

A. Nippoldt. Erkenntnis und Erklärung. 879-883. **I 2; V 1 f.**

M. v. Laue. Zu den Erörterungen über Kausalität. 915-916. **I 2; V 1 f.**

R. Becker. Unipolar-Induktion als Folge des relativistischen Zeitbegriffs. 917-919. **VII 2; T 1 a.**

M. Born. Geometrische und undulatorische Abbildungsfehler der optischen Instrumente. 921-923. **V 8; T 3 a.**

J. Franck, H. Kuhn. Schlüsse auf Bindungsfestigkeit und Bindungsart aus kontinuierlichen Absorptionsspektren. 923-925. **VII 3; T 3 f.**

K. Gerhards. Nichteuklidische Kinematographie. 925-928. **V 1, 8; Q 1 a, T 3.**

M. v. Rohr. Über Geschichtstabellen für die technische Optik. 937-940. **I 1, V 8; V 2 b, T 3 a.**

21, 1-25.

M. v. Rohr. Zur Erinnerung an die erste Veröffentlichung des Stereoskops vor 100 Jahren. 39-43. **I 1; V 9.**

E. Freundlich. Ein neuartiger Versuch von E. A. Milne, das kosmologische Problem zu lösen und die Expansion der Spiralnebel zu deuten. 54-59. **VIII 2 C; U 11.**

E. Freundlich. Die gegenwärtige Anschauung vom Aufbau des Weltgebäudes. 86-93. **VIII 2 C; U 11.**

A. Kopff. Max Wolf, gestorben am 3. Oktober 1932. 181-183. **I 1; V 10 a.**

F. Paschen. Heinrich Kayser zum achtzigsten Geburtstag. 213-214. **I 1; V 9.**

N. Bohr. Licht und Leben. 245-250. **VII 3; T 1 c.**

F. Haber. Zum fünfundsiebenzigsten Geburtstage des Präsidenten der Kaiser Wilhelm-Gesellschaft Max Planck. 293. **I 1; V 9.**

M. Reiner. Gebrauch der Potenzfunktion zur Darstellung einer naturgesetzlichen Beziehung. 294-299. **VI 1, VII 1; S 1, T 1.**

H. Löwy. Historisches zur Quantentheorie. 302-303. **I 1, VII 3; V 2, T 1 c.**

A. Nippoldt. Zur Geschichte des Kompasses. 306-307. **I 1; V 2.**

Forschungen und Fortschritte. 8 (1932), 32-36; 9, 1-18.

H. Schardin. Carl Cranz zum 50jährigen Doktorjubiläum. 9, 31-32. **I 1; V 9.**

M. v. Laue. Thermodynamische Schwankungen? 50-51. **VII 1; S 4.**

T. Schlomka. Die physikalische Theorie des Erdmagnetismus. 51-52. **VIII 1; U 10.**

C. Müller. Das Problem der internationalen Lichteinheit. 62. **VII 1; T 3.**

G. Steinke. Über Zertrümmerung von Materie durch die kosmische Ultrastrahlung. 62-63. **VIII 2 C; U 11.**

J. Dick. Ernst Großmann zum 70. Geburtstage. 71-72. **I 1; V 9.**

A. Loewy. Der Werdegang der Mathematik. 81-82. **I 1; V 2.**

E. Winter. Die geistige Entwicklung B. Bolzanos. 93-94. **I 1; V 9.**

J. Stenzel. Anschauung und Denken in der klassischen Theorie der griechischen Mathematik. 94-95. **I 1; V 3.**

E. Jänecke. Ist das Erdinnere fest? 109-110. **VIII 1; U 10.**

H. Konen. Heinrich Kayser zum 80. Geburtstage. 119. **I 1; V 9.**

G. Martiny. Die astronomische Orientation der altmesopotamischen Tempel. 122-123. **I 1; V 2 c.**

E. Schrödinger. Warum sind die Atome so klein? 125-126. **VII 3; T 1 c.**

H. Gerstinger. Ein neues Dokument zur Geschichte der Mathematik im Altertum. 142-143. **I 1; V 3.**

W. Jaeger. Gauß und das absolute Maßsystem. 143-144. **I 1; V 8, 9.**

M. Planck. Ursprung und Auswirkung wissenschaftlicher Ideen. 153-154. **I 2; V 1 f.**

P. ten Bruggencate. Die Entwicklung der Sterne. 158-160. **VIII 2 C; U 11.**
E. Gagliardi. Die Universität Zürich (1833-1933). 178-179. **I 1; V 9, 10.**
F. Glum. Max Planck zu seinem 75. Geburtstage. 179-180. **I 1; V 9.**
A. Kopff. Die Wiederholung des Zonenunternehmens der Astronomischen Gesellschaft. 203-204. **VIII 2 B; Ū 9.**
W. Eberhard. Zur frühchinesischen Astronomie. 252-253. **I 1; V 4 b.**

Ingenieur-Archiv. 4, 1-2.

W. Tollmien. Die Kármánsche Ähnlichkeitshypothese in der Turbulenztheorie und das ebene Windschattenproblem. 1-15. **VI 4 B; S 5 c.**
W. Prager. Über die Verwendung symbolischer Methoden in der Mechanik. 16-34. **IV 7; J 4 g.**
U. Finsterwalder. Die querversteiften zylindrischen Schalengewölbe mit kreissegmentförmigem Querschnitt. 43-65. **VI 4 A; T 2.**
J. W. Geckeler. Kreiselkompaß und Schiffsmanöver. I, II. 66-83. 127-152. **VI 3; R 8 c β.**
G. Hamel. Über ein für die Textiltechnologie wichtiges Problem aus der Mechanik dünner Fäden. 84-97. **VI 3; R 8.**
Th. Pöschl. Das Anlaufen eines einfachen Schwingers. 98-102. **VI 4 A; T 2.**
K. Federhofer. Biegungsschwingungen eines Kreisringes bei konstantem Außen- oder Innendrucke. 110-120. **VI 4 A; T 2.**
H. Craemer. Störungen von ebenen Spannungs- oder Biegungszuständen durch eingeschlossene Fremdkörper. 121-126. **VI 4 A; T 2.**
O. Lutz. Die Vorgänge in federbelasteten Einspritzdüsen von kompressorlosen Ölmaschinen. 153-168. **VI 4 A; T 2.**
E. Seydel. Über das Ausbeulen von rechteckigen, isotropen oder orthogonal-anisotropen Platten bei Schubbeanspruchung. 169-191. **VI 4 A; T 2.**
E. Hahnkamm. Die Dämpfung von Fundamentschwingungen bei veränderlicher Erregerfrequenz. 192-201. **VI 4 A; T 2.**

Journal für die reine und angewandte Mathematik. 169, 4.

O.-H. Keller. Cremona-Transformationen algebraischer Kurven. 193-218. **V 5 A; P[1] 4 c.**
J. R. Wilton. An approximate functional equation with applications to a problem of Diophantine approximation. 219-237. **III 9; I 25.**
G. N. Watson. Über die Schläflischen Modulargleichungen. 238-251. **III 4; B 4 k.**
R. Dietrich. Eine Darstellung des Integrals der Riccatischen Gleichung: $y' + y^2 = f(x)$. 252. **IV 9; H 2 c γ.**

Mathematische Annalen. 108, 4.

B. Jessen. Über die Nullstellen einer analytischen fastperiodischen Funktion. Eine Verallgemeinerung der Jensenschen Formel. 485-516. **IV 4; D̄ 3.**
F. Leja. Sur les suites de polynômes bornées presque partout sur la frontière d'un domaine. 517-524. **IV 4; D̄ 3.**
E. Hille, J. D. Tamarkin. On the summability of Fourier series. III. 525-577. **IV 3 D; D 1 b α.**
E. Rothe. Über asymptotische Entwicklungen bei Randwertaufgaben elliptischer partieller Differentialgleichungen. 578-594. **IV 13; D̄ 4 c.**
E. Trefftz. Über Fehlerschätzung bei Berechnung von Eigenwerten. 594-604. **IV 7; H 11 c.**

O. Hölder. Zusätzliche Gleichungen zur Hermiteschen Formel. 605-614. **III 6; I 10.**

O. Taußky. Über isomorphe Abbildungen von Gruppen. 615-620. **III 5; B 12.**

E. A. Weiß. S. Lies erste Begründung der Geraden-Kugel-Transformation. 621-628. **V 5 A; P^1 6 d.**

Mathematische Zeitschrift. 37, 2.

J. Ridder. Der Perronsche Integralbegriff. 161-169. **IV 3 C ; C 2 m.**

L. S. Bosanquet, M. L. Cartwright. On the Hölder and Cesàro means of an analytic function. 170-192. **IV 2; D 2 a η.**

L. J. Mordell. The number of solutions of some congruences in two variables. 193-209. **III 8; I 7.**

W. Rogosinski. Zum Majorantenprinzip der Funktionentheorie. 210-236. **IV 4, 5, 6 D; $\overline{D}$ 3, 4, F 7.**

C. Weber, H. Seifert. Die beiden Dodekaederräume. 237-253. **V 2; Q 3.**

A. Wintner. Über das Äquivalenzproblem beschränkter hermitescher Formen. 254-263. **IV 7; B 1 e.**

G. Pólya. Über die Konvergenz von Quadraturverfahren. 264-286. **IV 3 C, 17; C 2 j.**

L. Fejér. Mechanische Quadraturen mit positiven Cotesschen Zahlen. 287-309. **IV 17; C 2 j.**

H. Behnke, P. Thullen. Maximalteiler und Regularitätshüllen. Bemerkungen zu einer Arbeit von Herrn Carathéodory. 310-313. **IV 4; $\overline{D}$ 5.**

E. Landau. Bemerkungen zu der M.-P. Geppertschen Abhandlung „Approximative Darstellungen analytischer Funktionen, die durch Dirichletsche Reihen gegeben sind" im Bd. 35 dieser Zeitschrift, S. 190-211. 314-320. **III 8, IV 4; D 6 l β.**

Physikalische Zeitschrift. 34, 1-10.

V. Weißkopf. Die Breite der Spektrallinien in Gasen. 1-24. **VII 3; T 3 f.**

D. Gábor. Die Ausbildung der Maxwellverteilung im Langmuirschen Plasma. 38-45. **VII 3; T 1 c.**

H. Wulfhekel, R. Seeliger. Beobachtungen an abgeschnürten positiven Säulen. 57-59. **VII 3; T 1 c.**

G. Mönch. Zum Widerstandsgesetz kleiner Kugeln in Luft. 77-79. **VII 1; T 1 b.**

A. Nikuradse. Elektrizitätsleitung bei hohen Feldern in dielektrischen Flüssigkeiten. 97-114. **VII 1; T 5.**

J Zahradníček. Resonanzmethode für die Messung der Gravitationskonstante mittels der Drehwaage. 126-133. **VI 4 A; T 2.**

K. K. Mukherjee. Wellenstatistische Behandlung der α-Streuung. 175-180. **VII 3; T 3 f.**

E. Hofmann. Bemerkung zur Frage des Wärmeübergangs strömender Flüssigkeiten in Rohren. 208-211. **VII 1; T 4.**

R. Hermann. Wärmeübergang bei freier Konvektion. II: Lösung der Grenzschichtgleichungen für den horizontalen Zylinder (stationärer Fall). 211-212. **VII 1; T 4.**

J. Kunz. Erhaltung der Energie und des Impulses im photoelektrischen Effekt. 218-219. **VII 3; T 3 f.**

J. Kunz. Über die klassische Verteilung der Elektronen im photoelektrischen Effekt der Röntgenstrahlen. 219-220. **VII 3; T 3 f.**

H. Konen. Heinrich Gustav Kayser zum 80. Geburtstage. 225-226. **I 1; V 9.**

C. J. Gorter. Der Faraday-Effekt in paramagnetischen Lösungen. 238-241. **VII 3; T 1 c.**

F. Magyar, F. Kracmar. Beitrag zur Turbulenztheorie. 241-245. **VI 4 B; S 2 c.**

E. Wasser. Das Widerstandsgesetz kleiner Kugeln in reibenden Medien. 257-278. **VII 1; T 1 b.**

J. R. Partington. Temperaturabhängigkeit der inneren Reibung von Luft, Argon und Chlorwasserstoff. 289-292. **VI 4 B; T 1.**

H. Staub. Untersuchung der dielektrischen Eigenschaften des Seignettesalzes mittels Röntgenstrahlen. 292-296. **VII 3; T 3 f.**

M. v. Laue. Zu Plancks 75. Geburtstage. 305. **I 1; V 9.**

E. Sienkewicz. Über eine Fehlerquelle bei Kapazitätsmessungen mit empfindlichen Elektrometern. 376-380. **VII 1; T 5.**

N. Gerasimov. Innere Reibung eines Gases und andere Fragen aus der kinetischen Theorie. 387-388. **VII 1; T 4 e.**

Schriften des Mathematischen Seminars und des Instituts für angewandte Mathematik der Universität Berlin. **1**, 5-7.

E. Scholz. Flächentheoretische Integralsätze. 163-185. **IV 15; J 3.**

T. Schmidt. Über die Zerlegung des n-dimensionalen Raumes in gitterförmig angeordnete Würfel. 187-212. **V 3; K² 4.**

W. Hahn. Die Nullstellen der Laguerreschen und Hermiteschen Polynome. 213-242. **IV 6 A; H 5 g β.**

Sitzungsberichte der Heidelberger Akademie der Wissenschaften. Mathematisch-naturwissenschaftliche Klasse. **1933**, 1-2.

L. Heffter. Abstrakte Geometrie und Anschauung. Nr. 2, 1-6. **V 1; Q 1 a.**

G. Doetsch. Charakterisierung einer in der mathematischen Physik auftretenden Schar von Funktionen zweier Variablen durch eine quadratische Integralgleichung. 7-12. **IV 7; H 11 c.**

R. Baer. Situation der Untergruppen und Struktur der Gruppe. 12-17. **III 5; J 4.**

A. Scholz. Die Behandlung der zweistufigen Gruppe als Operatorengruppe. 17-22. **III 5; J 4.**

W. Krull. Bemerkungen zur algebraischen Geometrie. 22-29. **III 7, V 5 B; I 22, L¹.**

W. Rückert. Über die Elimination bei Potenzreihen. 29-32. **III 5; B 12.**

H. Kapferer. Über die diophantischen Gleichungen $Z^3 - Y^2 = 3^3 \cdot 2^\lambda \cdot X^{\lambda+2}$ und deren Abhängigkeit von der Fermatschen Vermutung. 32-37. **III 6; I 19 b.**

F. K. Schmidt. Körper, über denen jede Gleichung durch Radikale auflösbar ist. 37-47. **III 5; B 12.**

Sitzungsberichte der Mathematisch-naturwissenschaftlichen Abteilung der Bayerischen Akademie der Wissenschaften zu München. **1932**, 3.

M. Lagally. Dreifach-orthogonale Kurvenkongruenzen. 133-143. **V 6 B; N² 3.**

W. Wirtinger. Ein anderer Beweis des Satzes, daß zwei singularitätenfreie Kurven von einer Ordnung $n \geqq 4$ notwendig kollinear sind, wenn sie eindeutig aufeinander bezogen sind. 145-147. **V 5 A; P¹ 1.**

R. Baldus. Ein Axiomensystem der komplexen, projektiven Geometrie. 149-191. **V 1; Q 1 a.**

A. Pringsheim. Kritisch-historische Bemerkungen zur Funktionentheorie. V: Über einen Gaußschen Beweis der Irrationalität von tang x bei rationalem x. 193-200. **I 1; V 1 c.**

Sitzungsberichte der Preußischen Akademie der Wissenschaften. Physikalisch-mathematische Klasse. 1933, VII-X.

M. Planck. Über die Grenzschicht verdünnter Elektrolyte. III. 362-368. **VII 1; T 7 c.**

S. Bochner. Spektralzerlegung linearer Scharen unitärer Operatoren. 371-376. **IV 7; J 4 g.**

L. Infeld, B. L. van der Waerden. Die Wellengleichung des Elektrons in der allgemeinen Relativitätstheorie. 380-401. **VII 2, 3; T 1 a, c.**

I. Schur. Untersuchungen über algebraische Gleichungen. I: Bemerkungen zu einem Satz von E. Schmidt. 403-428. **III 3; A 3.**

B. Neumann. Über ein gruppentheoretisch-arithmetisches Problem. 429-444. **III 5, 2; J 4, B 1 a.**

Zeitschrift für angewandte Mathematik und Mechanik. 13, 3.

H. Schlichting. Berechnung der Anfachung kleiner Störungen bei der Plattenströmung. 171-174. **VI 4 B; S 2 c.**

H. Reichardt. Die quadratischen Mittelwerte der Längsschwankungen in der turbulenten Kanalströmung. 177-180. **VI 4 B; S 5 c.**

O. Schrenk. Grenzschichtabsaugung und Senkenwirkung. 180-182. **VI 4 B; S 2.**

E. Hahnkamm. Erzwungene Schwingungen reibungsgekoppelter Schwingungssysteme. 183-202. **VI 4 A; T 2.**

C. Schwarz. Zur rechnerischen Behandlung der Erstarrungsvorgänge beim Gießen von Metallen. 202-223. **VII 1; T 4.**

F. Weinig. Zur Frage der Abrundung und Zuschärfung umströmter Kanten. 224-235. **VI 4 B; S 2 e.**

G. Schulz. Über Markoffsche Ketten höherer Ordnung. 235-238. **IV 16; J 2.**

A. Huber. Über die kräftefreie Bewegung einer idealen Flüssigkeit in einem elastischen Rohre. 239-240. **VI 4 B; S 3 b.**

K. A. Flocke. Geschwindigkeitsermittlung beim Römergetriebe und ähnlichen Getrieben. 241-242. **VI 2; R 1.**

K. Federhofer. Zur Ermittlung des Beschleunigungspoles der ebenen Systembewegung. 243-244. **VI 2; R 1.**

Zeitschrift für Astrophysik. 6, 1-4.

E. A. Milne. World-structure and the expansion of the universe. 1-95, 244. **VIII 2 C; U 11.**

W. Krat. Über die Ableitung des Randverdunkelungsgesetzes der β-Lyrae-Sterne. 96-106. **VIII 2 C; U 11.**

R. Zaycoff. Zur relativistischen Kosmogonie. I, II. 128-137, 193-197. **VII 2, VIII 2 C; T 1 a, U 11.**

P. ten Bruggencate. Die Verteilungsfunktion der absoluten Leuchtkräfte in kugelförmigen Sternhaufen. 138-143, 244. **VIII 2 C; U 11.**

K. F. Bottlinger. Bemerkungen zu der Arbeit von K. Ogrodnikoff: A theory of streaming in the system of *B* stars. 150-153. **VIII 2 C; U 11.**

K. Ogrodnikoff. Erwiderung auf die Bemerkungen des Herrn K. F. Bottlinger zu meiner Arbeit: "A theory of streaming in the system of *B* stars". 154-160. **VIII 2 C; U 11.**

J. Dick. Ein graphisches Verfahren zur Integration der Emdenschen Differentialgleichung. 207-212. **IV 17; X 4.**

A. Brill. Über Farbenäquivalente. 213-217. **VIII 2 A, VII 1; T 3.**

E. Freundlich, A. v. Brunn. Über die Theorie des Versuchs der Bestimmung der Lichtablenkung im Schwerefeld der Sonne. 218-235. **VII 2; T 1 a.**

E. J. Perepelkin. Über die Struktur der Sonnenchromosphere. 245-258. **VIII 2 C; U 11.**

S. Flügge. Der Einfluß der Neutronen auf den inneren Aufbau der Sterne. 272-292. **VIII 2 C; U 11.**

Zeitschrift für den mathematischen und naturwissenschaftlichen Unterricht aller Schulgattungen. 64, 1-4.

E. Schneider. 20 Jahre Laue-Diagramme (1912-1932). 1-3. **VII 3; T 3 f.**

H. Fuhr. Kreis- und Kugelmessung. 4-11. **V 3; K[1] 10, 16.**

P. Montfort. Berechnung der Wurzeln einer numerischen Gleichung mit Hilfe einer Maclaurinschen Reihe. 11-18. **IV 17; A 3.**

R. Neuendorff. Die Behandlung der sogenannten Textgleichungen der Algebra im Unterricht. 18-20. **I 3; V 1 a ε.**

M. Wehrli. Wellen- und Partikelbild in der Physik. 21-24. **VII 1; T 1.**

E. Wicke. Einfache Berechnung der Kreisfläche. 26-27. **I 3; V 1 a ζ.**

A. Schülke. Die Länge eines Kreisbogens. 28. **V 3; K[1] 10.**

Ph. Lötzbeyer. Anzahl und Verteilung der Fehler der vierstelligen Logarithmen, die sich aus der Tafel der $\log x$ für $x = 100$ bis 1000 im Intervall von 1000 bis 10 000 bei der Interpolation ergeben. 28-31. **IV 17; X 2.**

F. Könnemann. Stellenzahl oder Kennziffer? 47-48 **IV 17; X 2.**

K. Fladt. Reihenentwicklung und Taylorscher Satz. 49-57. **I 3; V 1 a λ.**

T. Syre. Die Vergleichsmethode. 58-61. **V 5 A; K[1] 6.**

W. Lietzmann. Was versteht man unter der inversen Funktion einer Funktion? 61-63. **I 3; V 1 a λ.**

E. Engel. Die hyperbolische Geometrie, ein Thema für eine Arbeitsgemeinschaft der Oberstufe. 63-70. **I 3; V 1 a.**

R. Weller. Das mechanische Maßsystem als anschauliches Hilfsmittel beim Unterricht in der Elektrizitätslehre. 71-78. **I 3; V 1 a ν.**

Harms. Die Luftpumpenformeln. 79-81. **I 3; V 1 a ν.**

P. Kirchberger. Michelsonversuch und harmonische Teilung. 82. **VII 2; T 1 a.**

W. Lietzmann. A. Flechsenhaar †. 87-88. **I 1; V 10 a.**

W. Lietzmann. 25 Jahre IMUK. 101-105. **I 3; V 1 a.**

K. Fladt. Reihenentwicklung und Taylorscher Satz. 106-115. **I 3; V 1 a λ.**

E. Stucke. Ein fruchtbarer Satz der Differentialrechnung. 116-120. **IV 3 A; C 1.**

F. Liebert. Die Äquivalenz der drei Eckpunkte und des Höhenschnittpunktes eines Dreiecks und Folgerungen. 120-123. **V 3; K[1] 2.**

S. Weyer. Beweis des Umfangswinkelsatzes. 130-131. **V 3; K[1] 2 a.**

M. Verlić. Trigonometrischer Beweis des Ptolemäischen Lehrsatzes. 131. **V 3; K[1] 20.**

O. Beyer. Näherungskonstruktion für die Rektifikation des Kreises mit Zirkel und Lineal. 131-132. **V 3; K[1] 21 d.**

W. Lietzmann. Karl Rohrbach †. 138. **I 1; V 10 a.**

E. Voellmy. Nochmals die Realitätsbedingungen der zehn Formeln für das rechtwinklige Kugeldreieck. 148. **V 3; K[1] 20 f.**

B. Kerst. Die Bedeutung der Mathematik und Physik für die deutsche Schule. 149-150. **I 3; V 1 a.**

Hermann Schmidt. Höhere Kurven im mathematischen Unterricht der Prima. 150-156. **I 3; V 1 a ι.**

A. Johnscher. Über das Rechnen mit der Zahl „— 1“ als elfter Ziffer. 156-160. **I 3; V 1 a δ.**

R. Rothe, W. Zabel. Über den Fehler der linearen Interpolation. 160-162. **I 3; V 1 a ι, λ.**

E. Kullrich, C. Tietze. Berichtigungen und Erweiterungen zu den Wurzelformeln. 162-165. **I 3; V 1 a λ.**

L. Collatz. Gleichungen geometrischer Ornamente. (Kurvengleichungen mit Absolutstrichen.) 165-169. **I 3; V 1 a ι.**

E. Tooren. Der Weg zum zweiten Hauptsatz. 169-174. **I 3; V 1 a ν.**

F. Staber. Graphische Lösung einer Gruppe von Textgleichungen. 177-178. **IV 17; X 4.**

W. Lietzmann. Welche Aufgaben des kleinen Einmaleins sind am schwierigsten? 182-183. **I 3; V 1 a.**

J. M. Peters. Bemerkungen zu H. Weinreich, Ein Kapitel Eisenbahnmathematik, 63 (1932) S. 6ff. Mit einem Zusatz von H. Weinreich. 199-200. **VI 3; R 8, 9.**

Zeitschrift für Physik. 82.

L. Tisza. Zur Deutung der Spektren mehratomiger Moleküle. 48-72. **VII 3; T 3 f.**

E. Majorana. Über die Kerntheorie. 137-145. **VII 3; T 1 c.**

W. Heitler. Bemerkung über die Linienform bei Anregung durch Elektronenstoß. 146-150. **VII 3; T 3 f.**

H. Hellmann. Zur Quantenmechanik der chemischen Valenz. 192-223. **VII 3; T 1 c.**

R. Zaycoff. Über die Beziehungen zwischen Feld und Materie. 267-278. **VII 2; T 1 a.**

G. Szivessy, A. Dierkesmann, C. Münster. Über die photographische Messung sehr schwach elliptisch polarisierten Lichtes im Ultravioletten. 279-308. **V 8; T 3 a.**

E. M. van Engers, H. A. Kramers. Zur Anwendung der Methode der Phasenintegrale auf das Wasserstoffmolekülion. 328-336. **VII 3; T 1 c.**

E. N. Gapon. Zur Theorie des Atomkerns. III. 404-407. **VII 3; T 1 c.**

S. Gupta. Beitrag zur Operatorentheorie der Diracschen Wellengleichung. 408-414. **VII 3; T 1 c.**

W. Wessel. Über den Elektronenspin und die Theorie des Neutrons. 415-444. **VII 3; T 1 c.**

W. Rogowski. Zur Theorie der Glimmentladung. 473-488. **VII 1; T 7.**

T. Johansson. Über ein neuartiges, genau fokussierendes Röntgenspektrometer. I. 507-528. **VII 3; T 3 f.**

M. Born, M. Blackmann. Über die Feinstruktur der Reststrahlen. 551-558. **VII 3; T 3 f.**

Ch. Møller. Zur Theorie des Austauschproblems und des Ferromagnetismus bei tiefen Temperaturen. 559-567. **VII 3; T 1 c.**

Th. Sexl. Zur wellenmechanischen Herleitung der Rutherfordformel. 650-659. **VII 3; T 1 c.**

Th. Neugebauer. Zur Theorie des Kerreffektes zweiatomiger Molekeln. 660-673. **VII 3; T 1 c.**

J. Blaton. Berichtigung zu meiner Arbeit „Über die Dispersion des Lichtes in der Umgebung von Quadrupollinien“. 684. **VII 3; T 1 c.**

O. Scherzer. Zur Theorie der Gaskonzentration von Elektronenstrahlen. 697-708. **VII 3; T 3 f.**

M. Didlaukis. Über die Energieverteilung diffundierender langsamer Elektronen. 709-715. **VII 3; T 1 c.**

E. Fermi, E. Segrè. Zur Theorie der Hyperfeinstruktur. 729-749. **VII 3; T 1 c.**

H. Jehle. Zur Vorwachsgeschwindigkeit des Blitzes. 785-793. **VII 3; T 3 f.**

H. Jensen. Zur relativistischen Behandlung des Fermiatoms. 794-802. **VII 3; T 1 c.**

F. Lüdi. Über den Mechanismus der Elektronenauslösung im Kathodenfleck einer Bogenentladung. 815-832. **VII 3; T 3 f.**

Zeitschrift für technische Physik. 14, 1-6.

W. O. Schumann. Stromleitung in einem Dielektrikum mit geringer Leitfähigkeit und mit einer beweglichen dünnen geladenen Schicht. 23-26. **VII 1; T 5.**

E. Brüche. Über die Grundlagen der geometrischen Elektronenoptik. 49-58. **V 8, VII 3; T 3 a, 1 c.**

A. Bloch. Satz von der Gegenseitigkeit der Wirkung von Veränderungen (Sperrwirkungen) bei linearen Systemen. 234-239. **VI 4 A; T 2.**

J. Picht. Zur Theorie der Elektronenoptik. 239-241. **V 8, VII 3; T 3 a, 1 c.**

Zeitschrift VDI. 76 (1932), 18-53.

K. Klotter. Mohrsche Hypothese und Bruchwinkel an Glas. 689-690. **VI 4 A, B; T 2, S 2.**

O. Tolle. Zur Dynamik der eben bewegten Scheibe. 799-800. **VI 3; R 9 d.**

R. Plank. Nicolas Léonard Sadi Carnot. Zum 100. Todestag des Entdeckers des zweiten Hauptsatzes der Thermodynamik. 821-822. **I 1; V 8, 9.**

G. Weinbaum. Beitrag zur Ausbildung von Schiffsformen. 1149-1154. **VI 4 B; S 2.**

77, 1-24.

L. Prandtl. Neuere Ergebnisse der Turbulenzforschung. 105-114. **VI 4 B; S 2 c.**

M. Planck. Ursprung und Auswirkung wissenschaftlicher Ideen. 185-190. **I 2; V 1 f.**

E. Koenemann. Die Entwicklung der Forschung in den Jahren 1931 und 1932. 329-335. **I 1; V 10.**

Annales de l'Institut Henri Poincaré. 3, 3.

A. Guldberg. Les fonctions de fréquence discontinues et les séries statistiques. 229-278. **IV 16; J 2 d, e.**

F. Perrin. Interaction entre atomes normal et activé. Transferts d'activation. Formation d'une molécule activée. 279-318. **VII 3; T 1 c.**

J. F. Steffensen. Deux problèmes du calcul des probabilités. 319-344. **IV 16; J 2.**

Annales scientifiques de l'Ecole normale supérieure. (3) 50, 1-5.

H. Mineur. La mécanique des masses variables. Le problème des deux corps. 1-69. **VIII 2 B; $\bar{\text{U}}$ 9 a.**

T. Viola. Étude sur la détermination d'une fonction discontinue par sa dérivée unilatérale. 71-125. **IV 3 C; D 1 a.**

J. Le Roux. Le principe de relativité et la loi de la gravitation. 127-169. **VII 2; T 1 a.**

Bulletin des Sciences mathématiques. (2) 57, 1-5.

L. Godeaux. Sur l'existence d'involutions rationnelles n'ayant qu'un nombre fini de points unis, appartenant à une surface algébrique. 7-14. **V 5 A; P^2 4.**

C. Woronetz. Sur les théories de la résistance des fluides ayant recours à des sillages indéfinis. 14-32. **VI 4 B; S 2.**

D. Belorizky. Sur l'intégration du problème des deux corps. 45-49. **VIII 2 B; $\bar{\text{U}}$ 9 a.**

N. Boneff. Le principe de causalité et le problème de Bertrand. 49-53. **I 2; V 1 f.**

J. Favard. Sur les valeurs moyennes. 54-64. **IV 3 C; D 1.**

J. Lebel. Sur les surfaces de Voss et de Guichard. 69-96. **V 6 B; O^1 5.**

A. Rosenblatt. Sur les théorèmes de M. Picard dans la théorie des problèmes aux limites des équations différentielles ordinaires non linéaires. 100-106. **IV 10; H 3.**

J. Le Roux. Le principe de la relativité et les lois de la dynamique. 106-136. **VII 2; T 1 a.**

S. Sanielevici. Remarques sur certains noyaux asymétriques. 141-144. **IV 7; H 11 c.**

É. Goursat. Détermination de la résolvante d'une classe d'équations intégrales. 144-150. **IV 7; H 11 c.**

P. Montel. Sur le principe de correspondance et une démonstration de Fatou. 151-156. **V 5 A; P^1 4.**

J. Haag. Sur les perturbations des mouvements vibratoires d'un système à plusieurs degrés de liberté. 157-168. **VI 4 A; T 2.**

Comptes rendus hebdomadaires des Séances de l'Académie des Sciences. 196, 18-26.

J. Drach. Sur une classe de congruences de droites. 1253-1256. **V 6 B; O^1 7 a.**

E.-J. Gumbel. Représentation des répartitions unimodales, unilatéralement limitées. 1268-1269. **IV 16; J 2.**

P. Dubreil. Sur quelques propriétés de la fonction caractéristique de Hilbert. 1270-1272. **III 5; B 12.**

P. Vincensini. Sur les congruences stratifiables. 1272-1273. **V 6 B; O^1 7 a.**

V. Lalan. Sur les développantes affines des courbes minima. 1273-1275. **V 6 B; O^1 3.**

B. Gambier. Sur une congruence de cercles osculateurs aux lignes de courbure $u =$ const. d'une surface S_1 et $v =$ const. d'une surface S_2. 1275-1277. **V 5 C, E; N^2 3 a α.**

Delsarte, Racine. Sur un ds^2 binaire particulier. 1277-1279. **VII 2; T 1 a.**

C. Fousianis. Sur un théorème de M. E. Borel. 1279-1281. **IV 3 C; D 1 a.**

G. D. Mattioli. Sur la théorie de la turbulence dans les canaux. 1282-1284. **VI 4 B; S 2 c.**

F. Vasilesco. Sur les mouvements à trois dimensions, avec sillage. 1284-1286. **VI 4 B; S 2.**

J. Winter. Sur la diffusion des électrons par les atomes. 1299-1301. **VII 3; T 1 c.**

L. Chamard. Sur le paratingent d'un ensemble isodistant d'un ensemble ponctuel. 1352-1353. **II; J 5.**

G. Ehresmann. Un théorème relatif aux espaces localement projectifs et sa généralisation. 1354-1355. **V 6 C; O^2.**

P. Delens. Sur certains problèmes relatifs aux espaces de Finsler. 1356-1358. **V 6 C; O^2.**

A. Denjoy. Sur les courbes rectifiables. 1358-1360. **V 2; J 5 d.**

A. Fouillade. Sur l'itération de certaines substitutions fonctionnelles linéaires. 1361-1363. **IV 7; J 4 g.**

C. Jacob. Sur quelques problèmes mixtes dans une couronne circulaire. 1363-1365. **IV 4; $\overline{D}$ 3.**

É. Callandreau. Sur l'état élastique d'un assemblage soudé. 1367-1369. **VI 4 A; T 2.**

J. Guastalla. Recherche d'une équation d'état des films monomoléculaires. 1376-1378. **VII 3; T 1 c.**

É. Sevin. Synthèse des travaux de Newton, de Fresnel et de Maxwell. 1379-1381. **VII 1, 3; T 1 c.**

L. Pomey. Sur les involutions du troisième ordre. 1451-1453. **V 5 B, C; P^1 6.**

S. Kierst, E. Szpilrajn. Sur certaines singularités des fonctions analytiques uniformes. 1453-1455. **IV 4; $\overline{D}$ 3.**

A. Lindenbaum. Sur les superpositions des fonctions représentables analytiquement. 1455-1457. **IV 3 C; D 1 a.**

G. Valiron. Sur une classe de fonctions entières admettant deux directions de Borel d'ordre ϱ divergent. 1458-1460. **IV 4; $\overline{\text{D}}$ 3 g.**

H. Pailloux. Sur les percussions dans les fils. 1460-1462. **VI 3; R 8.**

A. Gay. Vagues permanentes dans un canal circulaire à section quelconque. 1462-1464. **VI 4 B; S 3 b.**

M. Luntz, P. Schwarz. Le mouvement d'un fluide visqueux autour d'un cylindre en rotation uniforme et la loi de similitude. 1465-1467. **VI 4 B; S 2 f.**

M. Roger. Sur un nouvel indicateur d'angle d'attaque. 1467-1470. **VI 4 B; S 2 e.**

J.-J. Placinteanu. Sur la masse du neutron. 1474-1476. **VII 3; T 1 c.**

L. Lecornu. Sur les surfaces funiculaires. 1553-1557. **VI 4 A; T 2.**

H. Le Chatelier. Sur la loi du déplacement de l'équilibre chimique. 1557-1560, 1753-1757. **VII 3; T 1 c.**

A. Appert. Sur le rôle de la condition α dans certaines questions liées à la notion d'ensemble compact et sur le maximum d'une fonctionnelle définie sur un ensemble abstrait. 1570-1572. **II, V 2; J 5 b, d.**

F.-E. Myard. Sur un appareil intégrateur propre à la mesure des aires situées sur des surfaces quelconques. 1573-1574. **IV 17; X 4.**

A. Guldberg. Sur la loi de Bernoulli à deux variables et la corrélation. 1634-1636. **IV 16; J 2 e ε.**

P. Dubreil. Sur quelques propriétés des variétés algébriques. 1637-1639. **V 5 F; M^7.**

E. J. Gumbel. Erreur moyenne et moyenne arithmétique. Age moyen des vivants et âge moyen au moment de la mort. 1710-1712. **IV 16; J 2 d.**

A. Denjoy. Sur les variables pondérées multipliables de M. Cantelli. 1712-1714. **IV 3 C; D 1.**

J. Le Roux. Sur l'incompatibilité de la conception riemannienne de l'espace avec le principe de la relativité. 1714-1716. **VII 2; T 1 a.**

E. Merlin. Sur le problème des deux corps à masse décroissante. 1718-1720. **VIII 2 B; $\overline{\text{U}}$ 9 a.**

G. Dedebant. Sur l'évolution barométrique. 1736-1738. **VIII 1; U 10.**

K. L. Hiong. Sur les fonctions méromorphes dans le cercle-unité. 1764-1767. **IV 4; $\overline{\text{D}}$ 3 i.**

G. Bouligand. Propriétés générales des correspondances multiformes. 1767-1769. **II; J 5 b.**

E. Blanc. Sur la structure de certaines lois générales régissant des correspondances multiformes. 1769-1771. **II; J 5 b.**

M. Charpentier. Sur la semicontinuité d'inclusion des trajectoires de la dynamique. 1771-1773. **II, VI 3; J 5 b, R 6.**

A. Liénard. Formules de récurrence pour les intégrales des fonctions adjointes des polynomes de Legendre. 1773-1775. **IV 6 A; H 5 g α.**

R. Salem. Sur les propriétés extrémales de certains polynomes trigonométriques. 1776-1778. **IV 3 D; D 1.**

M. Brillouin. Fonctions sphériques. Formules générales de récurrence. Développement des fonctions non antipodes en séries de polynomes de Legendre et de Laplace. 1841-1844. **IV 6 B; D 6 f.**

E. J. Gumbel. La plus petite valeur parmi les plus grandes. 1857-1859. **IV 16; J 2.**

G. Vranceanu. Sur le nombre des différentielles d'un système de Pfaff. 1859-1861. **IV 12; H 8.**

M. Nicolesco. Sur quelques points de géométrie finie directe. 1861-1862. **II; J 5 b.**

H. Auerbach. Sur la représentation analytique des groupes linéaires clos. 1862-1863. **IV 8; J 4.**

P. Boisseau. Sur de nouveaux appareils d'intégration mécanique. 1863-1864. **IV 17; X 4, 7.**

F.-E. Myard. Sur un appareil permettant de tracer la dérivée moyenne d'une fonction représentée par sa courbe en coordonnées cartésiennes. 1865-1866. **IV 17; X 4, 7.**

G. D. Mattioli. Sur les conditions à la paroi pour l'équation de la turbulence dans les canaux. 1866-1868. **VI 4 B; S 2 c.**

E. Baticle. Le problème de la répartition. 1945-1946. **IV 16; J 2.**

V. Fock, M. Muschelisvili. Sur l'équivalence de deux méthodes de réduction du problème plan biharmonique à une équation intégrale. 1947-1948. **IV 13, VI 4 A; $\bar{D}$ 4 c α, T 2 a.**

J. Wolff. Sur l'intégrale d'une fonction holomorphe à partie réelle positive. 1949-1950. **IV 4; $\bar{D}$ 3.**

R. Salem. Sur une propriété de certaines séries de Fourier. 1951-1953. **IV 3 D; D 1 b α.**

A. Ghika. Sur le prolongement des fonctions monogènes uniformes. 1953-1955. **IV 4; $\bar{D}$ 3 m.**

J.-L. Destouches. Sur deux particularités des mécaniques dans un espace de fonctions d'ondes (Ψ). I, II. I: Le principe d'Hamilton dans la mécanique ponctuelle (Ψ). II: Les bases de la méthode de l'hyperquantification. 1955-1957. **VII 3; T 1 c.**

R. Esnault-Pelterie. Sur l'application de l'analyse dimensionnelle à l'étude de l'écoulement turbulent. 1968-1970. **VI 4 B; S 2 c.**

Journal de Mathématiques pures et appliquées. (9) 12, 1-2.

J. Leray. Etude de diverses équations intégrales non linéaires et de quelques problèmes de l'hydrodynamique. 1-82. **IV 7, VI 4 B; H 11 c, S 2.**

P. Noaillon. Sur les intégrales de Stieltjes. 83-93. **IV 3 C, 7; C 2 m, J 4 g.**

O. Nikodym. Sur un théorème de M. S. Zaremba concernant les fonctions harmoniques. 95-108. **IV 13; $\bar{D}$ 4 c α.**

A. Rauch. Extensions de théorèmes relatifs aux directions de Borel des fonctions méromorphes. 109-171. **IV 4; $\bar{D}$ 3 i.**

T. Viola. Sur l'accumulation des valeurs des fonctions analytiques qui forment une suite uniformément convergente. 173-204. **IV 4; $\bar{D}$ 3 m.**

A. van Dop. Sur une classe de congruences de droites. 205-218. **V 5 F; N^5.**

Le Journal de Physique et le Radium. (7) 4, 1-4.

L. Brillouin. Champs self-consistents et électrons métalliques. III. 1-9. **VII 3; T 1 c.**

J. Villey. Sur l'analyse thermodynamique des forces électromotrices. 10-20. **VII 1; S 4, T 7.**

J. Solomon. Sur l'indéterminisme de la mécanique quantique. 34-37. **VII 3; T 1 c.**

L. Goldstein. Sur la théorie des spectres continus. 44-53. **VII 3; T 3 f.**

R. Chevallier. Sur le passage des lois intégrales aux lois différentielles en électromagnétisme et en induction. 54-60. **VII 1; T 7.**

F.-J. de Wisniewski. Sur la mécanique corpusculaire. 90-104. **VII 3; T 1 c.**

Y. Rocard. L'absorption du sond dans l'atmosphère, une tentative d'explication. 118-122. **VIII 1; U 10.**

L. Goldstein. Sur les processus de dissociation photochimique élémentaire. 123-131. **VII 3; T 1 c.**

J. Winter. Les équations avec Hamiltoniens dépendant du temps et les phénomènes de résonance en mécanique ondulatoire. 132-137. **VII 3; T 1 c.**

L. Tuwim. Théorie mathématique de l'action moyenne de la radiation cosmique sur ses appareils détecteurs, protégés ou non. 138-164. **VIII 2 C; U 11.**

Y. Rocard. Théorie des fluctuations et opalescence critique. 165-185. **VII 1; T 3.**

J. Solomon. Sur l'interaction entre neutrons et protons. 210-220. **VII 3; T 1 c.**

Revue de Mathématiques spéciales. 43, 4-9.

M. Lublin. Résolution des systèmes d'équations linéaires aux différences premières finies, à coefficients constants. 393-395, 425-428. **IV 11; H 12.**

A. Charrueau. Sur l'aire d'une portion de sphère découpée par une pyramide de sommet O, centre de la sphère. 449-450. **V 3; V 1 a ζ.**

A. Pacquement. Une variante du théorème de Miquel. 450-451. **V 5 B; L^1 16.**

A. Pétrus. Introduction de la formule de Taylor. 473-474. **IV 3 A; C 1.**

R. Satyer. Les principes de l'optique géométrique. 505-507, 529-531. **V 8; T 3 a.**

Monthly Notices of the Royal Astronomical Society. 93, 3-6.

L. J. Comrie. The computation of total solar eclipses. 175-181. **VIII 2 B; $\overline{U}$ 9.**

L. Becker. On a new aircraft sextant for use with visible horizon. 185-189. **IV 17; X 8.**

W. J. Luyten. Faint double stars with common proper motion in the southern sky. 196-208. **VIII 2 B; $\overline{U}$ 9.**

Obituary. 225-237. **I 1; V 10 a.**

A. S. Eddington. Upper limits to the density and temperature of a star. II. 320-324. **VIII 2 C; U 11.**

G. C. McVittie. The mass-particle in an expanding universe. 325-339. **VIII 2 C; U 11.**

S. Chandrasekhar. The equilibrium of distorted polytropes. I, II. I: The rotational problem. II: The tidal problem. 390-405, 449-471. **VIII 2 C; U 11.**

V. C. A. Ferraro. The mean free path in rare ionized gases. 416-422. **VII 3; T 1 c.**

J. A. Edgar. The pulsation theory of Cepheid variables. 422-441. **VIII 2 C; U 11.**

Nature. 131, 3314-3321.

A. H. Compton. Nature of cosmic rays. 713-715. **VIII 2 C; U 11.**

T. E. James. The old Ashmolean, Oxford. 716-717. **I 1; V 7.**

W. W. L. Ideas of „time" and „events". 727-728. **I 2; V 1 f.**

A. C. D. C. Spectra of the planets. 734-735. **VIII 2 C; U 11.**

W. Elsasser. A possible property of the positive electron. 764. **VII 3; T 1 c.**

University statistics of Great Britain. 770-771. **IV 16; J 2 d.**

History in science. 777-779. **I 2; V 2.**

K. Sezawa. Viscous damping of vibrating metalbars. 803. **VI 4 A; T 2.**

K. Prosad, S. Sharan. Supersonic vibrations set up in a zinc bar undergoing transverse vibrations. 803-804. **VI 4 A; T 2.**

A. D. Crow. The combustion problem of internal ballistics. 805. **VI 3; S 6 a.**

W. C. Walker. The „Leeds Portrait" of Joseph Priestley. 876-877. **I 1; V 8.**

N. Thon. Neutron, proton and positron. 878. **VII 3; T 1 c.**

The University of London and the development of science. 896-897. **I 1; V 9, 10.**

Proceedings of the Cambridge Philosophical Society. 29, 2.

H. W. Richmond. An extension of Morley's chain of theorems on circles. 165-172. **V 5 F; M^7.**

W. N. Bailey. On the product of two Legendre polynomials. 173-177. **IV 6 B; H 5 g α.**

L. Roth. Some surfaces containing triple curves. II. 178-183. **V 5 E; M² 1 b.**

L. Roth. On surfaces of sectional genus four. 184-194. **V 5 F; M⁷.**

H. G. Telling. Related quadrics and systems of a rotational quartic curve. 195-206. **V 5 D, E; L², M¹ 6.**

R. P. Gillespie. The general double integral problem in the calculus of variations. 207-211. **IV 15; J 3 c.**

D. W. Babbage. Isolated singular points in the theory of algebraic surfaces. 212-230. **V 5 E; M² 1.**

H. Jeffreys. On Gauß's proof of the normal law of errors. 231-234. **IV 16; J 2 e α.**

W. G. Welchman. Incidence scrolls. 235-244. **V 5 E, F; M² 7, M⁶.**

J. Bronowski. The sums of powers as simultaneous canonical expressions. 245-256. **III 4, V 5 F; B 9, M⁶.**

G. Birkhoff. A theorem on transitive groups. 257-259. **III 5; J 4.**

J. Wishart, M. S. Bartlett. The generalised product moment distribution in a normal system. 260-270. **IV 16; J 2 d.**

A. E. Ingham. An integral which occurs in statistics. 271-276. **IV 16; J 2 d.**

R. C. J. Howland, R. C. Knight. Slow rotation of a circular cylinder in a viscous fluid bounded by parallel walls. 277-287. **VI 4 B; S 2 c, f.**

P. L. Kapitza, P. A. M. Dirac. The reflection of electrons from standing light waves. 297-300. **VII 3; T 3 f.**

Proceedings of the London Mathematical Society. (2) 35, 4-5.

S. Bishara. On Dixon's properties of the cubic surface. 241-248. **V 5 E; M² 3 d.**

L. Roth. Some quartic forms containing planes. 249-256. **V 5 F; M⁶.**

H. P. Mulholland. Concerning the generalization of the Young-Hausdorff theorem and the Hardy-Littlewood theorems on Fourier constants. 257-293. **IV 8 D; D 1 b α.**

J. G. Semple. On representations of line-congruences of the second and third orders. 294-324. **V 5 E, F; N² 1.**

D. E. Littlewood, A. R. Richardson. Concomitants of polynomials in non-commutative algebra. 325-379. **III 5; B 12.**

L. Roth. Ruled forms in four dimensions. 380-400. **V 5 F; N⁵.**

Proceedings of the Royal Society of London A. 140, 841-842.

G. R. Goldsbrough. The tides in oceans on a rotating globe. IV. 241-253. **VIII 1; U 10.**

N. R. Sen. On Eddington's problem of the expansion of the universe by condensation. 269-276. **VIII 2 C; U 11.**

R. R. M. Mallock. An electrical calculating machine. 457-483. **VII 1, IV 17; X 5.**

R. H. Fowler. An elementary theory of electronic semi-conductors, and some of their possible properties. 505-522. **VII 3; T 1 c.**

H. Jeffreys. Probability, statistics, and the theory of errors. 523-535. **IV 16; J 2 d, e.**

N. A. V. Piercy, H. F. Winny. The skin friction of flat plates to Oseen's approximation. 543-561. **VI 4 B; S 2 e.**

G. C. Hampson, L. E. Sutton. The determination of angles between covalencies, from measurements of electric dipole moment. 562-579. **VII 3; T 1 c.**

L. Rosenhead. The aerofoil in a wind tunnel of elliptic section. 579-604. **VI 4 B; S 5 c.**

H. S. W. Massey, C. B. O. Mohr. The collision of slow electrons with atoms. III: The excitation and ionization of helium by electrons of moderate velocity. 613-636. **VII 3; T 1 c.**

C. Zener. Dissociation of excited diatomic molecules by external perturbations. 660-668. **VII 3; T 1 c.**

The London, Edinburgh, and Dublin Philosophical Magazine and Journal of Science. (7) 15, 100-102.

A. D. Crow, W. E. Grimshaw. The combustion problem of internal ballistics. II. 729-752. **VI 3; S 6 a.**

G. A. Schott. The electromagnetic field of a moving uniformly and rigidly electrified sphere and its radiationless orbits. 752-761. **VII 1; T 7.**

I. M. H. Etherington. On the definition of distance in general relativity. 761-773. **VII 2; T 1 a.**

J. V. Hughes. On an instrument for converting voltage values into "H_ϱ" values for electrons, according to relativity formulae. 773-775. **VII 2, 3; T 1 a, c.**

W. G. Bickley. Deflexions and vibrations of a circular elastic plate under tension. 776-797. **VI 4 A; T 2.**

D. P. Ray-Chaudhuri. Theory of diamagnetism for mono- and polynuclear systems. 797-807. **VII 3; T 1 c.**

J. S. Mitchell. The diamagnetism of free electrons. 807-810. **VII 3; T 1 c.**

F. E. Relton. On the slow rotation of an anchor ring in an infinite viscous liquid. 840-848. **VI 4 B; S 2 f.**

I. Opatowski. Some problems concerted with inverted prolate spheroids. To the editors of the Philosophical Magazine. 849-850. **VII 1; T 1.**

W. R. Dean. Note on the slow motion of fluid. 929-936. **VI 4 B; S 2.**

J. Robertson. On the solution of problems in heat-conduction by the method of wave-trains. 937-957. **VII 1; T 4 c.**

F. Llewellyn Jones. The uniform positive column. 958-968. **VII 3; T 1 c.**

J. L. Synge. The equilibrium of a tooth with a general conical root. 969-996. **VI 4 A; T 2.**

L. V. King. On some new formulae for the calculation of self and mutual induction of coaxial circular coils in terms of arithmetico-geometrical scales. 1097-1114. **VII 1, IV 17; T 7, X 2.**

F. W. Grover. On the use of arithmetico-geometric mean series for the calculation of elliptic integrals, with special reference to the calculation of induction. 1115-1133. **IV 17; X 2.**

A. Lees. The conservation of probability and energy as criteria for the validity of wave equations. 1133-1142. **VII 3; T 1 c.**

A. Press. A unitary principle linking relativity, gravitation, and the discreteness of quanta. 1143-1153. **VII 2; T 1 a.**

The Proceedings of the Physical Society of London. 45, 3 (248).

F. J. W. Whipple. Relations between the combination coefficients of atmospheric ions. 367-380. **VIII 1; U 10.**

J. V. Hughes. The spurious ring exhibited by fluorescent srceens. 434-440. **VII 3; T 3 f.**

H. A. Nancarrow. A method for the determination of the thermal conductivities of rocks. 447-461. **VII 1; T 4 c.**

H. A. Nancarrow. Tables to facilitate the calculation of the temperature-distribution in a cylinder. 462-468. **VII 1; T 4.**

E. E. Wright. A note on the Kerr cell. 469-473. **VII 1; T 3.**

The Quarterly Journal of Mathematics. Oxford Series. 4, 14.

W. O. Kermack, W. H. McCrea. On compatible differential equations and the orthogonal properties of their solutions. 81-92. **IV 12, 6 B; H 5.**

A. H. Smith. On the summability of derived series of the Fourier-Lebesgue type. 93-106. **IV 3 D; D 1 b α.**

E. G. C. Poole. The formal reduction of systems of linear differential equations. 107-112. **IV 9; H 1 j.**

U. Crudeli. The motion of the probabilistic fluid of presence of the electron in relativistic wave mechanics. 113-116. **VII 3; T 1 c.**

H. A. Hayden. On some congruences associated with a sub-variety in a V_n. 117-125. **V 6 C; O².**

W. M. Shepherd. An extension of the method of generalized plane stress. 126-133. **VI 4 A; T 2.**

E. T. Copson. On the discontinuous integral of Weber and Schafheitlin. 134-139. **IV 6 B; H 5 f, i α.**

G. N. Watson. Du Bois Reymond's constants. 140-146. **IV 3 D; D 2 b β.**

A. E. Ross. On criteria for universality of ternary quadratic forms. 147-158. **III 4; I 17.**

T. W. Chaundy. Laplace's operator in curvilinear coordinates. 159-160. **V 6 B; C 5.**

Proceedings of the Royal Irish Academy. 41 A, 4-6.

R. W. Ditchburn. The frequency distribution of resonance radiation. 41-46. **VII 3; T 3 f.**

R. W. Ditchburn. The transmission of resonance radiation through a gas (steady state). 47-60. **VII 3; T 3 f.**

Annali della R. Scuola Normale Superiore di Pisa. (2) 2, 1-3.

F. Tricomi. Integrazione di un' equazione differenziale presentasi in elettrotecnica. 1-20. **IV 9; H 5.**

A. Haar. Über die Multiplikationstabelle der unitär-orthogonalen Funktionensysteme. 21-40. **IV 7; J 4 g.**

S. Cinquini. Condizioni sufficienti per la semicontinuità nel calcolo delle variazioni. 41-58. **IV 15; J 3.**

S. Finikoff. Transformation *T* des congruences de droites. 59-88. **V 5 A; P¹ 6.**

L. Tonelli. L' estremo assoluto degli integrali doppi. 89-130. **IV 15; J 3.**

M. Fréchet. Compléments à la théorie des probabilités discontinues „en chaîne". 131-164. **IV 16; J 2.**

Eugenio Bertini. 165. **I 1; V 10 a.**

C. de la Vallée Poussin. Propriétés des fonctions harmoniques dans un domaine ouvert limité par des surfaces à courbure bornée. 167-197. **IV 13; D̄ 4 c α.**

G. Andreoli. Geometria completa dei trasporti rigidi su una V_2. (Metrica lineare ed angolare, trasporto di fasci di direzioni, di punteggiate.) 199-208. **V 6 B; O¹ 5.**

E. Landau. Eine Frage über trigonometrische Polynome. 209-210. **IV 3 D; D 1.**

A. del Chiaro. Sul procedimento di arrotondamento di Schwarz. 211-226. **IV 15, V 6 D; J 3.**

D. Pompeiu. Sur une propriété des fonctions holomorphes. 227-230. **IV 4; D̄ 3.**

A. Signorini. Sopra alcune questioni di statica dei sistemi continui. 231-251. **VI 4 A; T 2.**

G. Ascoli. Funzioni antiarmoniche in un campo circolare. 255-268. **IV 7; J 5 f.**

N. Lusin. Sur les classes des constituantes des complémentaires analytiques. 269-282. **II, IV 3 C; J 5.**

G. Fubini. Su un teorema di confronto per le equazioni del secondo ordine alle derivate ordinarie. 283-284. **IV 9; H 4.**

W. Sierpiński. Sur un problème de la théorie des relations. 285-287. **II: J 5.**

G. Sansone. Sulle serie lacunari di polinomi di Legendre di funzioni sommabili. 289-296. **IV 3 D, 6 B; D 1 b β.**

O. E. Glenn. The mechanics of the stability of a central orbit. 297-308. **VIII 2 B; $\overline{\text{U}}$ 9.**

F. Conforto. Sopra il calcolo differenziale assoluto negli spazi funzionali continui. 309-324. **V 6 C; O^2.**

G. Doetsch. Das Eulersche Prinzip. Randwertprobleme der Wärmeleitungstheorie und physikalische Deutung der Integralgleichung der Thetafunktion. 325-342. **IV 13, 7; $\overline{\text{D}}$ 4 c, H 11 c.**

Atti della Reale Accademia Nazionale dei Lincei. Rendiconti. Classe di Scienze fisiche, matematiche e naturali. (6) 17, 6.

F. Severi. La teoria delle serie di equivalenza sopra una superficie algebrica, invarianza del condetto fondamentale. I. 419-425. **IV 6 C; G 1.**

E. Almansi. Sulle deformazione delle piastre elastiche. V. 425-431. **VI 4 A; T 2.**

S. Amante. Sulla riduzione a forma canonica di una classe speciale di matrici. II. 431-436. **III 2; B 1 a.**

R. L. Gomes. Sur la transformation canonique simultanée de plusieurs matrices non hermitiennes ni unitaires. 436-438. **IV 7; J 4 g.**

M. Pastori. Sull' espressione generale dei tensori isotropi. 439-443. **V 7; B 12 g γ.**

A. Rosenblatt. Sur les équations aux dérivées partielles du second ordre non linéaires du type elliptique. 443-448. **IV 13; H 9 d.**

N. Spampinato. Sulle algebre dotate di modulo composte mediante una loro semi-algebra normale. 449-452. **III 5; B 12.**

T. Boggio. Sulle equazioni della dinamica dei sistemi. 452-460. **VI 3; R 6.**

B. Finzi. Movimento di superficie, linee, punti, associati a gruppi di onde. 460-464. **IV 13; H 9.**

E. Frola. La dinamica delle vibrazioni libere trasversali delle travi, e la dinamica dei punti rappresentativi le linee elastiche negli soazi ad infinite dimensioni. 465-468. **VI 4 A; T 2.**

Bollettino della Unione Matematica Italiana. 12, 1-2.

B. Levi. Sulla natura analitica di una classe di funzioni definite da serie di potenze convergenti sulla circonferenza di convergenza. 1-5. **IV 4; $\overline{\text{D}}$ 3.**

A. Longhi. Sulla geometria numerativa del triangolo. 5-7. **V 5 F; N^3 2.**

A. Terracini. Sullo scarto dalla normalità delle congruenze rettilinee. 7-12. **V 6 B; O^1 7.**

A. Chiellini. Sopra l'integrazione di particolari equazioni differenziali del secondo ordine. 12-15. **IV 9; H 3.**

M. Villa. Sopra una classe di superficie razionali rigate dello spazio a cinque dimensioni. 15-18. **V 5 F; M^5.**

L. Geymonat. Ancora sul teorema di Picard per le funzioni analitiche e sue generalizzazioni. 18-21. **IV 4; $\overline{\text{D}}$ 3 h β.**

B. Tedeschi. Calcolo della funzione generatrice di alcune somme di valori $\binom{n}{k}$. 22-25. **III 2; J 1.**

T. Salvemini. Una formula relativa al calcolo combinatorio. 25-27. **III 2; J 1.**

K. H. Großmann. Sul movimento relativo. (Da una lettera al T. Levi-Civita.) 27-31. **VI 2; R 1 d.**

Necrologio. 51, 116-117. **I 1; V 10 a.**

U. Cassina. Su la logica matematica di G. Peano. 57-65. **I 2; V 1 b β.**

B. Levi. Intorno allo vedute di G. Peano circa la logica matematica. 65-68. **I 2; V 1 b β.**

P. Tortorici. Sulla validità di alcune formule dedotte da quella di Stokes relativa alla forma della terra. 69-72. **VIII 1; U 10 a.**

G. Usai. Sopra equazioni integrali di nucleo $x-y$. 72-77. **IV 7; H 11 c α.**

L. Conte. Su una classe particolare di superficie rigate. 77-80. **V 6 B; O[1] 4.**

P. Buzano. Studio di una corrispondenza fra due coniche. 80-85. **V 6 C; O[2].**

C. Brunè. Sullo sviluppo in serie di una funzione di variabile complessa in prossimità di un punto critico trascendente. 85-89. **IV 4; $\overline{\mathrm{D}}$ 3.**

G. Vitali. Del ragionare. 89-94. **I 2; V 1 b.**

Giornale di Matematiche di Battaglini. 70 (1932), Luglio-Dicembre.

O. Franceschi. Sull' intorno delle caratteristiche di una V_2 non parabolica di S_4. 121-139. **V 6 C; O[2].**

L. Tocchi. Sopra alcune conseguenze d' un noto teorema. 140-142. **III 2; B 1 a.**

M. Moreno. Su di un teorema relativo ai sistemi di equazioni ai differenziali totali del 30 ordine completamente integrabili. 143-174. **IV 12; H 9.**

G. Ricci. Sulle successioni convergenti di funzioni discontinue. 175-189. **IV 2, 3 C; D 1 a, 2.**

P. Tortorici. Sulla contrazione e sulla distensione dei numeri naturali secondo Kolovrat. 190-195. **III 6; I 2.**

G. Aprile. Sugli $(r-1)$ complessi di rette dell' S_r, d' ordine 1 e loro applicazione alle trasformazioni cremoniane dell' iperspazio. 196-219. **V 5 A; P[2] 4.**

B. Stefanelli. Combinazioni alternate e valore formale delle ridotte nelle frazioni continue. 220-222. **IV 11; D 2 d.**

P. Cattaneo. Sulla cayleyana di una cubica piana. 224-226. **V 5 C; M[1] 5 g.**

L'Aerotecnica. 12 (1932), 11-12.

C Minelli. Sulle velocità critiche degli alberi. 1441-1472. **VI 4 B; S 5.**

L. Poggi. Campo di velocità in una corrente piana di fluido compressibile. 1579-1593. **VI 4 B; S 2.**

R. G. La similitudine meccanica. 1625-1633. **VI 1; R.**

Periodico di Matematiche. (4) 13, 1.

M. Gliozzi. L' elettrologia nel secolo XVII. 1-14. **I 1; V 7.**

A. Padoa. Il contributo di G. Peano all' ideografia logica. 15-22. **I 2; V 1 b β.**

A. Foà. Sulla teoria della rettificazione delle curve. 23-46. **V 6 B; O[1] 3 c.**

A. Natucci. Spigolando alcuni testi classici di geometria. II: Minima distanza di rette sghembe. 47-50. **V 3, I 1; K[1], V 5 b.**

G. Spadaro. La scomposizione simultanea. 51-52. **III 6; I 2.**

E. Maccaferri. Proposizioni primitive indipendenti. 53-55. **I 2; V 1 b β.**

Reale Istituto Lombardo di Scienze e Lettere. Rendiconti. (2) 66, 1-5.

L. Berzolari. Eugenio Bertini. 67-68. **I 1; V 10 a.**

L. Brusotti. Sui poligoni del piano proiettivo aventi circolazione massima. 69-76. **V 2; Q 3.**

S. Cherubino. Ancora sulle curve intuitive sghembe. 77-91. **V 6 B; O[1] 3.**

R. Ariano. L'isotropia nelle deformazioni finite. I, II. I: L' isotropia in senso largo. II: Isotropia in senso ristretto. 92-104, 207-220. **VI 4 A; T 2.**

U. Broggi. Su di qualche applicazione dei numeri di Stirling. 196-202. **IV 6 A; E 1.**

D. Graffi. Sulle relazioni fra iperomografie e tensori isotropi o emisotropi e la loro applicazione ad alchuni funzionali. 221-233. **V 7, IV 7; B 12 g, h.**

B. Levi. Nota di logica matematica. 239-252. **I 2; V 1 b β.**

F. Massardi. Sulle funzioni che servono allo sviluppo della dinamica dell' elettrone in un mezzo anisotropo, e sulle condizioni che vi consentono la validità degli assiomi della meccanica newtoniana. 257-294. **VII 3; T 1 c.**

Rendiconti del Circolo Matematico di Palermo. 56 (1932), 3.

P. Delens. Géométrie des congruences de courbes. II. 321-351. **V 6 B, C; N[2] 3.**

M. Kourensky. Sur la généralisation de la méthode de Hamburger pour intégrer un système d'équations aux dérivées partielles du premier ordre, linéaire aux Jacobiens. 353-384. **IV 12; H 7 d.**

M. Cibrario. Primi studii intorno alle equazioni lineari alle derivate parziali del secondo ordine di tipo misto iperbolico-paraboliche. 385-418. **IV 14; H 9.**

F. Leja. Sur les séries de polynômes homogènes. 419-445. **IV 2, 4; D 2 b δ.**

P. Vassiliou. Über den Grad eines Primideals in einem komponierten Körper. 446-448. **III 5; B 12.**

F. Obrechkoff. Una generalizzazione della sommazione di Borel. 449-471. **IV 2; D 2 a η.**

57, 1.

S. Martis in Biddau. Studio della trasformazione di Laplace e della sua inversa dal punto di vista dei funzionali analitici. 1-70. **IV 7; J 4 g.**

G. Valiron. Remarques sur les valeurs exceptionnelles des fonctions méromorphes. 71-86. **IV 4; $\overline{\text{D}}$ 3 i.**

C. Russyan. Intégrales complètes des rangs divers de l'équation aux dérivées partielles du premier ordre $\frac{\partial z}{\partial x} = \Theta\left(x, y, z, \frac{\partial z}{\partial y}\right)$. 87-100. **IV 12; H 8.**

F. Cecioni. Osservazioni sopra alcuni tipi di aree e sulle loro curve caratteristiche nella teoria della rappresentazione conforme. 101-122. **IV 5; $\overline{\text{D}}$ 4.**

H. Bohr, B. Jessen. Zum Kroneckerschen Satz. 123-129. **III 9; I 10.**

V. Romanowsky. Sur une généralisation de la loi sinusoïdale limite. 130-136. **IV 16; J 2.**

L. Fantappié. Integrazione con quadrature dei sistemi a derivate parziali lineari e a coefficienti costanti in due variabili, mediante il calcolo degli operatori lineari. 137-160. **IV 7; J 4 g.**

Scientia. 53.

G. Castelnuovo. Determinismo e probabilità. 1-12. **I 2; V 1 f.**

M. Planck. Die Kausalität im Naturgeschehen. 153-164. **I 2; V 1 f.**

M. C. Johnson. Léonard de Vinci et les manuscrits d'Archimède. 213-217. **I 1; V 3, 5 b.**

A. Landry. Méthodes nouvelles pour étudier le mouvement de la population. 338-350. **IV 16; J 2 d.**

A. W. Stern. The trend of modern physics and its influence on human thought. 377-384. **I 2; V 1 f.**

The Science Reports of the Tôhoku Imperial University. (1) 22, 1.

M. Inagaki. Some generalizations of Gergonne's theorem. 1-5. **V 5 B, D; L¹ 17, L² 17.**

T. Kubota. A remark to the preceding note. 6-8. **V 5 B; L¹ 17.**

Monatshefte für Mathematik und Physik. 40, 1.

O. Haupt. Zur Theorie der Ordnung reeller Kurven in der Ebene bezüglich vorgegebener Kurvenscharen. 1-53. **V 2; J 5 d.**

W. Fröhlich. Über das Vertauschen der Risse in Zweibildersystemen. 54-58. **V 4; K¹ 22, 23.**

K. Rother. Über die Lösung einer Funktionsgleichung aus der Theorie der Mischkörper. 59-64. **VII 1; T 1 b.**

H. Buchholz. Das elektrostatische Feld zwischen einer ebenen Platte und dem sie umhüllenden, koaxialen Kreiszylinder. 65-87. **VII 1; T 5.**

E. Otto. Über Punkte der Ordnung c. 88-92. **V 2; J 5 d.**

W. Mothwurf. Über Saiten mit nur harmonischen Obertönen. 93-96. **VI 4 A; T 2 c.**

A. Tarski. Einige Betrachtungen über die Begriffe der ω-Widerspruchsfreiheit und der ω-Vollständigkeit. 97-112. **I 2; V 1 b β.**

M. Wajsberg. Ein erweiterter Klassenkalkül. 113-126. **I 2; V 1 b β.**

P. Alexandroff. Über einen Satz von Herrn K. Borsuk. 127-128. **V 2; J 5 d.**

N. Hofreiter. Über Extremformen. 129-152. **III 9; I 15.**

L. v. Schrutka. Neue Gestalten des Produkts zweier Determinanten. 153-160. **III 2; B 1 b.**

E. Foradori. Zur Grundlegung einer allgemeinen Teiltheorie. II: Stetigkeit und Kontinuität als Teilbarkeitseigenschaften. 161-180. **II; J 5.**

N. Hofreiter. Zur Geometrie der Zahlen. 181-192. **III 9; I 25.**

A. Emch. Über eine besondere Raumkurve sechster Ordnung. 193-200. **V 5 E; M³ 6 g.**

U. Wegner. Über die Frobeniusschen Kovarianten. 201-208. **III 2; B 1 a.**

H. Hornich. Bemerkungen zu der Arbeit „Über eine Minimalaufgabe im Gebiet der analytischen Funktionen" von W. Wirtinger. 209-210. **IV 4; $\bar{\text{D}}$ 3.**

A. Scholz. Idealklassen und Einheiten in kubischen Körpern. 211-222. **III 5; B 12.**

L. Koschmieder. Über die Konvergenz der Laplaceschen Reihe auf der Überkugel und gewisser Hermitescher Reihen. 223-232. **IV 2, 6 A; D 2 b δ.**

K. Menger. Zuschrift an H. Hahn. 233. **I 1; V 2 b.**

Prace matematyczno-fizyczne. 40, 2.

A. Wundheiler. Rheonome Geometrie. Absolute Mechanik. 97-142. **V 6 C, VI 3; O², R 6.**

S. Mandelbrojt. Sur le produit $\Gamma\left(\frac{s}{2}\right)\sum\frac{\alpha_n}{n^s}$. 143-148. **IV 4, 6 A; $\bar{\text{D}}$ 3, E 1.**

A. Walfisz. Über die Koeffizienten einiger Modulformen. 149-155. **III 8; I 25.**

W. Hurewicz. Über Einbettung topologischer Räume in Cantorsche Mannigfaltigkeiten. 157-161. **V 2; J 5 d.**

M. Biernacki. Sur l'équation différentielle $x'' + A(t)x = O$. 163-171. **IV 9; H 4.**

Koninklijke Akademie van Wetenschappen te Amsterdam. Proceedings. 36, 4-5.

J. M. Burgers. On the application of statistical mechanics to the theory of turbulent fluid motion. V, VI. 390-399, 487-496. **VI 3, 4 B; R 10, S 2 c.**

D. E. Rutherford. On the rational solution of the matrix equation $SX = XT$. 432-442. **III 2; B 1 a.**

O. Bottema. Eine obere Grenze für das isoperimetrische Defizit einer ebenen Kurve. 442-446. **V 6 D; J 3.**

A. Einstein, W. Mayer. Die Diracgleichungen für Semivektoren. 497-516. **VII 2, 3; T 1 a, c.**

M. Pinl. Quasimetrik auf totalisotropen Flächen. II. 550-557. **V 6 C; O².**

W. Hurewicz, B. Knaster. Ein Einbettungssatz über henkelfreie Kontinua. 557-560. **V 2; J 5 d.**

Physica. 13, 1-5.

A. D. Fokker. Kristallsymmetrie und Gitterschwingungen. 1-30. **VII 3; T 3 f.**

W. de Groot. Das Intensitätsverhältnis der D-Linien in einer Natrium-Edelgas-Entladung. 41-50. **VII 3; T 3 f.**

Norsk Matematisk Forenings Skrifter. (2), 1-12.

C. Størmer. Gedächtnisrede auf Professor Dr. P. L. M. Sylow. 7-13. **I 1; V 10 a.**

Th. Skolem. Ludvig Sylow und seine wissenschaftlichen Arbeiten. 14-24. **I 1; V 10 a.**

H. B. Kragemo. Bibliographie der Schriften Ludvig Sylows. 25-30. **I 1; V 10 a.**

V. Brun. Sur la solution d'une équation différentielle ordinaire du premier ordre. 31-40. **IV 9; H 2.**

A. Guldberg. Zur Theorie der theoretischen Statistik. 41-46. **IV 16; J 2 d.**

P. Heegaard. Über die Heawoodschen Kongruenzen. 47-54. **V 2, III 6; Q 3, I 3.**

I. Johansson. Zu den zweidimensionalen Homotopiegruppen. 55-59. **V 2; Q 3.**

R. Tambs Lyche. Remarques sur l'itération des fonctions de deux variables et les équations fonctionnelles qui s'y rattachent. 60-68. **IV 7; H 11 c.**

T. Nagell. Die Bestimmung der Ringe mit gegebener Diskriminante in einem algebraischen Zahlkörper. 69-72. **III 5; B 12.**

Th. Skolem. Über die Unmöglichkeit einer vollständigen Charakterisierung der Zahlenreihe mittels eines endlichen Axiomensystems. 73-82. **I 2; V 1 c.**

C. Størmer. Développements des coordonnées d'une courbe gauche en série d'après des puissances descendant de l'arc. 83-91. **V 6 B; O¹ 3.**

O. M. Thalberg. Some theorems concerning pencils of curves. 92-96. **V 5 E; M³.**

Norsk Matematisk Tidsskrift. 15, 1.

T. Nagell. Om diofantiske ligninger med to ubekjente. 1-14. **III 9; I 19.**

V. B. Kampen for tilværelsen. 14-17. **IV 7; H 11 c γ.**

Mathematica. 7.

H. Cartan. Sur les zéros des combinaisons linéaires de p fonctions holomorphes données. 5-31. **IV 4; $\overline{\text{D}}$ 3.**

A. Hoborski. Über die Ableitung zusammengesetzter Funktionen. 32-37. **IV 3 A; C 1.**

J. Shohat, H. Bushey. Sur certains développements en séries des polynomes orthogonaux de Tchebycheff. 38-50. **IV 3 D; D 2 b δ.**

O. Onicescu. Fonction et corrélation. 51-60. **IV 1; D.**

G. Calugaréano. Sur le théorème de M. Borel dans le cas des fonctions méromorphes d'ordre infini. 61-69. **IV 4; $\overline{\text{D}}$ 3 i.**

A. Pantazi. Sur certaines propriétés projectives des familles de surfaces. 70-88. **V 6 B; O¹ 6.**

S. Ruziewicz, W. Sierpiński. Un théorème sur les familles de fonctions. 89-91. **IV 3 C; D 1 a.**

M. Kraïtchik. Les grands nombres premiers. 92-94. III 6; I 9.
A. Errera. Sur un théorème de M. Pompeiu. 95-98. IV 4, V 2; $\overline{\text{D}}$ 3, J 5 d.
A. Ghika. Sur un développement en série des fonctions monogènes uniformes. 99-128. IV 4; $\overline{\text{D}}$ 3.
A. Denjoy. Sur une extension de la formule de Jensen. 129-135. IV 4; $\overline{\text{D}}$ 3.
L. Godeaux. Sur une quadrique double de genres un. 136-143. V 5 A; P^1 4.
K. Borsuk. Über eine Bedingung, die dem lokalen Zusammenhange äquivalent ist. 144-146. V 2; J 5 d.
M. Brelot. Le problème de Dirichlet sous sa forme moderne. 147-166. IV 13; $\overline{\text{D}}$ 4 c.

Abhandlungen aus dem Seminar für Vektor- und Tensoranalysis samt Anwendungen auf Geometrie, Mechanik und Physik. 1.

B. Kagan. Über eine Erweiterung des Begriffes vom projektiven Raume und dem zugehörigen Absolut. 12-101. V 6 C, 1; O^2, Q 1 a.
H. Schapiro. Über die Metrik der subprojektiven Räume. 102-125. V 6 C; O^2.
P. Rachewsky. Caractères tensoriels de l'espace sousprojectif. 126-142. V 6 C; O^2.
G. Gurewitsch. Über einige Integralaufgaben der Tensoranalysis. 143-195. V 7; B 12 g.
J. Dubnow. Über Tensoren mit nichtskalaren Komponenten. 196-222. V 7; B 12 g.
J. Dubnow. Die Differentialgeometrie der Strahlenkongruenzen in tensorieller Darstellung. 223-303. V 6 B; O^1 7 a.

Recueil mathématique. Moscou. 39 (1932), 4.

S. Lewin. Integralgleichungen und Funktionalräume. 3-72. IV 7; H 11 c, J 4 g.
A. Khintchine. Mathematisches über die Erwartung vor einem öffentlichen Schalter. (Russisch, deutscher Auszug.) 73-84. IV 16; J 2 e.
J. Goldfain. Sur la théorie des noyaux singuliers symétriques complètement continus. 85-112. IV 7; H 11 c.
C. H. Müntz. Integralgleichungen der Elastodynamik. 113-133. VI 4 A; T 2.
I. J. Schwatt. The sum of like powers of a series of numbers forming an arithmetical progression and the Bernoulli numbers. 134-140. III 1; D 6 c δ.
J. A. Kiebel. Sur les équations différentielles qui servent pour déterminer la densité d'un fluide compressible en mouvement. (Russisch, französ. Auszug.) 141-152. VI 4 B; S 2.
L. Kantorovitch. Sur les nombres dérivées des fonctions continues. (Russisch, französ. Auszug.) 153-170. IV 3 C; D 1 a.

Elementär Matematik, Fysik och Kemi. 16, 1-2.

B. E. Nyström. Falska rötter och rötter som komma bort. 1-9. I 3; V 1 a λ.
C. Bodlund. Pells ekvation. 10-18. III 6; I 13 f.
A. Wahlgren. Om heltalsvärden på sidor och diagonaler i en parallelogram. 32-33. I 3; V 1 a ζ.
H. Gertz. Allmän-geometrisk härledning av den optiska avbildningens grundformler. 65-75. V 8; T 3 a.
N. Kuylenstierna. Om beräkning av logaritmer. 76-80. IV 17; X 2.
T. Edqvist. Ett närmevärde för π-talet. 80. IV 17; X 1.
A. Wahlgren. Potenssatsen för kägelsnitt. 81-83. V 5 B; L^1 16.
H. Petrini. Om sannolikhetsräkning i skolan. 84-87. I 3; V 1 a λ.
S. Wigert. En aritmetisk fråga. 88-89. III 1; V 1 a δ.

Bulletin of the American Mathematical Society. 39, 4-6.

L. P. Eisenhart. Spaces admitting complete absolute parallelism. 217-226. **V 6 C; O².**

J. Douglas. The problem of Plateau. 227-251. **V 6 B, C; O¹ 6 h, O².**

A. D. Campbell. Pseudo-covariants of an n-ic in m variables in a Galois field that consist of terms of this n-ic. 252-256. **III 5; B 12.**

A. A. Albert. A note on the equivalence of algebras of degree two. 257-258. **III 5; B 12.**

R. E. A. C. Paley. A note on bilinear forms. 259-260. **III 9; I 25.**

W. H. Gage. On ϑ, Φ identities. 261-264. **III 8; I 10.**

A. A. Albert. On primary normal division algebras of degree eight. 265-272. **III 5; B 12.**

I. J. Schoenberg. Convex domains and linear combinations of continuous functions. 273-280. **IV 8 C; D 1 a.**

T. S. Peterson. Linear integral equations of functions of two variables. 281-288. **IV 7; H 11 c α.**

A. A. Bennett. Solution of Huntington's „Unsolved problem in Boolean algebra". 289-295. **I 2; V 1 b β.**

N. E. Rutt. Concurrence and uncountability. 295-302. **V 2; J 5 d.**

C. R. Adams. Hausdorff transformations for double sequences. 303-312. **IV 2; D 2 a.**

J. J. Luck. Ormond Stone, 1847-1933. 318-319. **I 1; V 10 a.**

H. Blumberg. Note on sets of positive measure. 369-372. **II; J 5 c.**

W. F. Osgood. Note on the gyroscope. 373-374. **VI 3; R 8 c β.**

M. Foster. Note on a special cyclic system. 375-378. **V 6 B; O¹ 7 a.**

M. H. Ingraham. On the reduction of a matrix to its rational canonical form. 379-382. **III 2; B 1 a.**

E. D. Rainville. On the representation of numbers modulo m. 383-385. **III 6; I 19.**

B. F. Kimball. Note on a previous paper. 386. **VI 4 A; T 2.**

N. H. McCoy. On complete independence of certain sets of postulates for fields. 387-391. **III 5; B 12.**

B. C. Wong. On the number of $(q+1)$-secant S_{q-1}'s of a certain V_k^n in an $S_{q^k+q+k+1}$. 392-394. **V 5 F; M⁷.**

W. Randels. On the convergence of Fourier series. 395-397. **IV 3 D; D 1 b α.**

E. H. Hanson. A note on compactness. 397-400. **V 2; J 5 d.**

W. O. Gordon. A neighborhood treatment of general topological spaces. 401-405. **V 2; J 5 d.**

A. D. Campbell. Note on cubic surfaces in the Galois fields of order 2^n. 406-410. **III 5; B 12.**

L. D. Cummings. On a method of comparison for straight-line nets. 411-416. **V 5 A; K¹ 9 a.**

E. T. Bell. Reducible diophantine systems. 417-423. **III 6; I 19.**

L. M. Blumenthal. A note on the four-point property. 423-426. **V 2; J 5 d.**

E. R. Ott. A modular manifold associated with the generalized Kummer manifold $(p=3)$. 427-433. **V 5 F; M⁶.**

J. M. Clarkson. Involutorial line transformations determined by Cremona plane involutions. 434-440. **V 5 A; P¹ 4.**

W. A. Wilson. A separation theorem. 440-442. **V 2; J 5 d.**

A. Dresden. On the generalized Vandermonde determinant and symmetric functions. 443-449. **III 2; B 1.**

E. F. Beckenbach. Bloch's theorem for minimal surfaces. 450-456.
IV 4, V 6 B; $\bar{D}$ 3, O[1] 6 h.

W. H. Durfee. Convergence factors for double series. 457-464. **IV 2; D 2 a γ.**

Journal of Mathematics and Physics. 12.

Ch. M. Gewertz. Synthesis of a finite, four-terminal network from its prescribed driving-point functions and transfer function. 1-254. **VII 1; T 7.**

H. B. Phillips. Faraday's law as a basis of electromagnetic theory. 259-273. **VII 1; T 7.**

J. B. Russell. A method of evaluating the Fourier integral. 274-290. **IV 8 D; D 1 b α.**

J. B. Russell. A table of Hermite functions. 291-297. **IV 17; X 2.**

H. P. Sch. Theory of gravitation and electromagnetism. 298-305. **VII 2; T 1 a.**

F. H. Murray. The capacity of a long wire. 306-310. **VII 1; T 7.**

R. E. A. C. Paley. On orthogonal matrices. 311-320. **III 2; B 1 a.**

J. A. Todd. A combinatorial problem. 321-333. **III 2; J 1.**

H. S. M. Coxeter. Regular compound polytopes in more than four dimensions. 334-345
V 5 A, III 5; P[2] 6, J 4 a.

Journal of the Franklin Institute Philadelphia. 215.

W. F. G. Swann. A mechanism of acquirement of cosmic ray energies by electrons. 273-279. **VIII 2 C; U 11.**

M. C. Holmes. Probability and the exponential laws of physics. 281-285. **IV 16; J 2.**

Th. D. Cope. David Rittenhouse, physicist. 287-297. **I 1; V 9.**

Physics. 4, 1-5.

M. Muskat. The theory of refraction shooting. 14-28. **VIII 1; U 10.**

R. V. Churchill. General properties of steady temperatures in solids partially exposed to gas. 50-55. **VII 1; T 4 c.**

J. H. A. Brahtz. Stress distribution in wedges with arbitrary boundary forces. 56-65.
VI 4 A; T 2.

M. C. Gray. Mutual impedance of long grounded wires when the conductivity of the earth varies exponentially with depth. 76-80. **VIII 1; U 10.**

C. L. Dawes. Capacitance and potential gradients of eccentric cylindrical condensers. 81-85. **VII 1; T 5.**

R. K. Schofield. Simple derivations of some important relationships in capillary flow. 122-128. **VII 1; T 1 b α.**

M. Muskat. Potential distribution about an electrode on the surface of the earth. 129-147. **VII 1, VIII 1; U 10.**

A. T. Jones. The gliding of a snake. 164-165. **VI 4 A; T 2.**

Proceedings of the National Academy of Sciences of the United States of America. 19, 5-6.

O. Veblen. Geometry of four-component spinors. 503-517. **V 7; B 12 g.**

E. H. Kennard. Contribution to the theory of scattering by a force center. 518-521.
VII 3; T 3 f.

J. L. Walsh. The Cauchy-Goursat theorem for rectifiable Jordan curves. 540-541.
IV 4; $\bar{D}$ 3 b.

M. F. Roßkopf. An inequality for Legendre series coefficients. 541-543. **IV 3 D; D 1 b β.**

A. Fialkow. The geometry of degenerate heat families. 543-548.
IV 6 A, 13; O¹ 2, D̄ 4 c.

E. K. Haviland. On statistical methods in the theory of almost-periodic functions. 549-555. **IV 3 C, 4; D 1 a, D̄ 3.**

G. A. Miller. Sylow subgroups and the number of operators whose orders are powers of the same prime. 555-558. **III 5; J 4.**

H. Dingle. Values of T^{ν}_{μ} and Christoffel symbols for a line element of considerable generality. 559-563. **V 6 C, VII 2; O², T 1 a.**

C. R. Adams. On non-factorable transformations of double sequences. 564-567.
IV 2; D 2.

A. Khintchine. The method of spectral reduction in classical dynamics. 567-573.
VI 3; R 6, 10.

E. Hille, J. D. Tamarkin. Questions of relative inclusion in the domain of Hausdorff means. 573-577. **IV 2, 7; D 2, H 11 c.**

E. T. Bell. Finite ova. 577-579. **III 5; B 12.**

P. A. Smith. The topology of involutions. 612-618. **V 2; Q 3.**

Reviews of modern Physics. 5, 1-2.

J. W. M. DuMond. Linear momenta of electrons in atoms and in solid bodies as revealed by X-ray scattering. 1-33. **VII 3; T 1 c.**

L. B. Linford. Recent developments in the study of the external photoelectric effect. 34-61. **VII 3; T 1 c.**

H. P. Robertson. Relativistic cosmology. 62-90. **VII 2, VIII 2 C; T 1 a, U 11.**

G. Breit. Quantum theory of dispersion. VI, VII. 91-140. **VII 3; T 1 c.**

Science. (2) 77, 1984-2009.

Obituary. 11-12, 79-80, 107-108. **I 1; V 10 a.**

C. D. Perrine. Two criticisms. 20. **VII 1; T 1.**

H. N. Russell. The constitution of the stars. 65-79. **VIII 2 C; U 11.**

L. M. Blumenthal. A correlation curiosity. 88. **IV 16; J 2 e ε.**

J. Berkson. The coefficient of correlation. 259. **IV 16; J 2 e ε.**

R. C. Tolman. Thermodynamics and relativity. I, II. 291-298, 313-317.
VII 1, 2; S 4, T 1 a.

E. R. Hedrick. Tendencies in the logic of mathematics. 335-343. **I 2; V 1 b.**

W. H. Howell, A. L. Barrows, F. K. Richtmyer, D. C. Jackson. A history of the National Research Council 1919-1933. 355, 356-358, 358-360, 500-503. **I 1; V 10.**

Th. Merriman. The perihelion of Mercury. 371-372. **VIII 2 B; Ū 9.**

J. H. Moore. Solar eclipse problems. 375-382. **VIII 2 C; U 11.**

A. H. Compton. The significance of recent measurements of cosmic rays. 480-482.
VIII 2 C; U 11.

E. V. Huntington. The attraction of a sphere. 489. **VIII 2 B; Ū 9.**

W. W. Campbell. The National Academy of Sciences. 549-552. **I 1; V 10.**

K. K. Darrow. Electricity released from matter. 591-595. **VII 1, I 1; T 7, V 8-10.**

J. C. Slater. The electron theory of metallic conduction. 595-597. **VII 3; T 1 c.**

The Astrophysical Journal. 77.

R. T. Birge. A note on the value of the general constants of the Saha equation. 63-65.
VIII 2 C; U 11.

W. Markowitz. The problem of two bodies with variable masses. 337-344.
VIII 2 B; Ū 9 a.

The Physical Review. (2) 43, 9-12.

W. W. Hansen, K. B. Stoddard. A relation between line and continuous X-ray spectra. 701-706. **VII 3; T 3 f.**

A. Adel, D. M. Dennisson. The infrared spectrum of carbon dioxide. I. 716-723. **VII 3; T 3 f.**

L. A. du Bridge. The theory of the energy distribution of photoelectrons. 727-741. **VII 3; T 3 f.**

R. Gunn. Radiation reaction forces and the expanding universe. 764. **VIII 2 C; U 11.**

R. S. Mulliken. Electronic structures of polyatomic molecules and valence. Magnetism of B_2H_6. 765. **VII 3; T 1 c.**

A. Bramley. The continuous beta-ray spectrum. 767. **VII 3; T 3 f.**

J. K. L. MacDonald. Successive approximations by the Rayleigh-Ritz variation method. 830-833. **IV 12, 15; H 7, J 3.**

A. C. G. Mitchell. Hyperfine structure and the polarization of resonance radiation. II: Magnetic depolarization and the determination of mean lives. 887-893. **VII 3; T 1 c.**

J. Frenkel. On a possible explanation of superconductivity. 907-912. **VII 3; T 1 c.**

W. F. G. Swann. On the nature of the primary cosmic radiation. 945-946. **VIII 2 C; U 11.**

R. Serber. The theory of depolarization, optical anisotropy and the Kerr effect. 1003-1010. **VII 3; T 3 f.**

R. Serber. The calculation of statistical averages for perturbed systems. 1011-1021. **VII 3; T 1 c.**

F. Zwicky. On a new type of reasoning and some of its possible consequences. 1031-1033. **I 2; V 1 f.**

E. T. Bell. Remarks on the preceding note on many-valued truths. 1033. **I 2; V 1 f.**

The Scientific Monthly. 36.

H. G. Moulton. The university and governmental changes. (The obligation of universities to the social order.) 35-42. **I 3; V 1 a.**

Th. W. Lamont. Our universities in an unsettled world. (The obligation of universities to the social order.) 42-48. **I 3; V 1 a.**

I. W. D. Hackh. Some magnitudes. 55-61. **VII 1; T 1.**

E. H. Johnson. Sadi Nicholas Léonhard Carnot. 131-137. **I 1; V 8, 9.**

M. Talmey. Essentials of the general relativity theory. 138-143. **VII 2; T 1 a.**

G. A. Miller. Salient theorems of the theory of groups and their history. 146-149. **III 5; J 4.**

R. W. Ladenburg. The fundamental units of the physical world. 465-467. **VII 1; T 1.**

F. H. Loring. Is science exact? 468-471. **VII 1; T 1.**

B. Niet-periodieke Publicaties.
Nichtperiodische Veröffentlichungen.

S. Alexander. Spinoza; an address in commemoration of the tercentenary of Spinoza's birth. 20 p. Manchester, Manchester University Press. **I 1; V 7.**

E. Bauer. Critique des notions d'éther, d'espace et de temps, cinématique de la relativité. 31 p. Paris, Hermann, 1932. **VII 2; T 1 a.**

B. Bavink. The anatomy of modern science. Translated from the 4. german ed. by *H. S. Hatfield.* XIII + 683 p. London, G. Bell & Sons, 1932. **I 2; V 1 f.**

E. T. Bell. Numerology. VIII + 188 p. Baltimore, The Williams & Wilkins Co. **III 6; I 1.**

G. D. Birkhoff. Aesthetic measure. XVI + 226 p. Cambridge, Havard University Press. **I 3; V 1 a.**

O. H. Blackwood, E. H. Hutchisson, Th. H. Osgood, A. E. Ruark, W. N. St. Peter, G. A. Scott, A. G. Worthing. An outline of atomic physics. VII + 348 p. New York, J. Wiley & Sons; London, Chapman & Hall. **VII 3; T 1 c.**

G. Boas. A critical analysis of the philosophy of Emile Meyerson. 146 p. London, Oxford University Press, 1932. **I 2; V 1 f.**

R. F. Bocher, S. Goudsmit. Atomic energy states as derived from the analysis of optical spectra. XIII + 562 p. New York, McGrawHill Book Co., 1932. **VII 3; T 3 f.**

C. Boeresco. La gravitation et les mouvements des corps célestes. 16 p. Bucarest, Copuzeanu. **VII 2, VIII 2 B; T 1 a, Ü 9.**

E. Borel. L'espace et le temps. IV + 251 p. Paris, F. Alcan. **VII 2; T 1 a.**

M. Born. Moderne Physik. Sieben Vorträge über Materie und Strahlung. Ausgearbeitet von *F. Sauter*. VII + 272 S. Berlin, J. Springer. **VII 3; T 3 f.**

W. Bragg. The world of sound; six lectures delivered at the Royal Institution. VII + 196 p. London, G. Bell & Sons. **VI 4 A; T 2 c.**

W. Bragg. Old trades and new knowledge; six lectures delivered at the Royal Institution. XII + 266 p. 42 plates. London, G. Bell & Sons. **I 2; V 1 f.**

W. Bragg. The universe of light. XI + 283 p. 26 plates. London, G. Bell & Sons. **VII 1; T 3.**

P. Bricout. Microénergétique. I, II. VII + 304 p., IV + 429 p. Paris, Gauthier-Villars. **VII 3; T 1 c.**

L. Brillouin. La diffraction de la lumière par des ultra-sons. 32 p. Paris, Hermann. **VII 3; T 3 f.**

L. Brillouin. Notions de mécanique ondulatoire, les méthodes d'approximation. 34 p. 6 fig. Paris, Hermann. **VII 3; T 1 c.**

L. de Broglie. Conséquences de la relativité dans le développement de la mécanique ondulatoire. 14 p. Paris, Hermann, 1932. **VII 2; T 1 a.**

E. W. Brown, D. Brouwer. Tables for the development of the disturbing function with schedulus for harmonic analysis. 89 p. Cambridge, University Press. **IV 17; X 2.**

H. W. Bruns. Über den Ursprung der Tatsache, die dem großen Fermatschen Satz zugrunde liegt. 15 S. Basel, B. Wepf. **III 6; I 19 b.**

J. Case. The strength of materials. 2. ed. 558 p. 398 fig. London, E. Arnold, 1932. **VI 4 A; T 2.**

Causality. Lectures delivered before the Philosophical Union, University of California. Edited by *G. P. Adams*, *J. Loewenberg*, *S. C. Pepper*. 231 p. Berkeley, University of California Press, 1932. **I 2; V 1 f.**

F. M. Chapman, P. Henle. The fundamentals of logic. XIII + 384 p. London, Ch. Scribner's Sons. **I 2; V 1 b.**

J. Chazy. Cours de mécanique rationnelle. II: Dynamique des systèmes matériels. VI + 461 p. 182 fig. Paris, Gauthier-Villars. **VI 3; V 1 a μ.**

U. Cisotti. Le prime lezioni di introduzione del calcolo vettoriale in geometria. 53 p. Milano, Libreria editrice politecnica. **V 7; V 1 a $\varkappa$.**

R. T. Cox. Time, space and atoms. 154 p. Baltimore, Williams & Wilkins. **VII 1; V 1 a ν.**

T. Dantzig. Number, the language of science. 2. ed. XIV + 262 p. New York, Macmillan. **I 3; V 1.**

J. Dvořák. Maturitni otázky z matematiky. I: Rovnice, řady, složití urokování, kombinatorika a počet pravdepodobnosti. 227 str. Praha, 1932. **I 3; V 1 a δ, λ.**

A. S. Eddington. The expanding universe. IX + 128 p. 2 plates. Cambridge, University Press. **VIII 2 C; U 11.**

A. Einstein. Les fondements de la théorie de la relativité générale; théorie unitaire de la gravitation et de l'électricité; sur la structure cosmologique de l'espace. Traduit par *M. Solovine.* 110 p. Paris, Hermann. **VII 2; T 1 a.**

E. Esclangon. Dix leçons d'astronomie. IV + 110 p. 21 plates. Paris, Gauthier-Villars. **VIII 2 A; V 1 a ξ.**

G. Fournier, M. Guillot. Sur l'absorption exponentielle des rayons β du radium E. 38 p. Paris, Hermann. **VII 3; T 3 f.**

V. Garcia Serrano Inglada. Resumen de la teoría de las cónicas. I, II. 86, 94 p. Madrid, C. Bermejo. **V 5 B; V 1 a ι.**

L. Goldstein. Les théorèmes de conservation dans la théorie des chocs électroniques. 26 p. Paris, Hermann. **VII 3; T 1 c.**

E. Grimsehl. A textbook of physics. Edited by *R. Tomaschek.* Translation from the 7. German ed. by *L. A. Woodward.* II: Heat and sound. XI + 312 p. London, Blackie. **VII 1; V 1 a ν.**

H. Gröber, S. Erk. Die Grundgesetze der Wärmeübertragung. 2. Aufl. XI + 259 S. 113 Abb. Berlin, J. Springer. **VII 1; T 4.**

W. F. de Groot, C. de Jong. Leerboek der trigonometrie. 108 p. Groningen, Wolters, 1932. **I 3; V 1 a ϑ.**

R. T. Gunther. The astrolabes of the world. I, II. XVII + 304 p. 68 plates, VIII + p. 305-609. plates 69-153. Oxford, University Press, 1932. **I 1; V 7.**

M. de Haas. Thermodynamika. 2. Aufl. 419 blz. 117 fig. Groningen, P. Noordhoff. **VII 1; V 1 a ν.**

V. Henry. Matière et énergie. 431 p. Paris, Hermann. **VII 3; T 1 c.**

P. R. Heyl. The philosophy of a scientific man. 182 p. New York, The Vanguard Press. **I 2; V 1 b.**

K. Hirsch. Intuition und logische Form, zur gegenwärtigen Philosophie der Mathematik. 45 S. Diss. Berlin. Jena, G. Neuenhahn. **I 2; V 1 b.**

Th. Holland, H. Levy, J. Huxley, J. R. Baker, B. Russell, A. Huxley, H. I'A. Fausset, H. Belloc, J. B. S. Haldane, O. Lodge. Science in the changing world. Edited by *M. Adams.* 286 p. London, G. Allen & Unwin. **I 2; V 1 f.**

P. Humbert. P. Duhem. 149 p. Paris, Bloud & Gay. **I 1; V 10 a.**

J. Jeans. The new background of science. VIII + 303 p. Cambridge, University Press. **I 2; V 1 f.**

J. Jeans, Lemaitre, W. de Sitter, A. Eddington, E. A. Milne, R. A. Millikan. Discussion sur l'évolution de l'univers. Traduction et avant-propos par *P. Couderc.* D'après le rapport du Meeting du Centenaire de l'Association Britannique pour l'Avancement des Sciences (Londres 1931). XII + 68 p. Paris, Gauthier-Villars. **VIII 2 C; U 11.**

F. Kadeřávek, J. Klima, J. Kounovsky. Descriptivni geometrie. I, II. 420 str., str. 425-983. Jednoty českoslov. mat. a fys., 1928, 1932. **V 4; K[1] 22.**

O. Klemperer. Einführung in die Elektronik; die Experimentalphysik des freien Elektrons im Lichte der klassischen Theorie und der Wellenmechanik. XII + 303 S. Berlin, J. Springer. **VII 3; T 1 c.**

W. Koppelmann. Logik als Lehre vom wissenschaftlichen Denken. Bd. 1. 116 S. Berlin, Pan-Verlagsgesellschaft, 1932. **I 2; V 1 b.**

P. Lachièze-Rey. Les origines cartésiennes du Dieu de Spinoza. XI + 288 p. Paris, F. Alcan, 1932. **I 1, 2; V 7, 1 b.**

P. Lenard. Great men of science; a history of scientific progress. Translated from the 2. German ed. by *H. S. Hatfield.* XIX + 389 p. 48 plates. London, G. Bell & Sons. **I 1; V 2.**

L. Leprince-Ringuet. Les transmutations artificielles. Rupture des noyaux atomiques par bombardement des particules alpha — Neutron — Protons — Rayons cosmiques. Préface de *M. de Broglie.* Paris, Hermann. **VII 3; T 3 f.**

Th. M. MacRobert. Functions of a complex variable. 2. ed. XV + 347 p. London, Macmillan. **IV 4; V 1 a λ.**

L. Maingie, H. Maurice. Les opérations viagères. 326 p. 27 tables. Namur, A. Wesmael-Charlier. 1932. **IV 16; J 2 d.**

A. March. Moderne Atomphysik. Eine allgemein verständliche Einführung. 115 S. Leipzig, J. A. Barth. **VII 3; T 1 c.**

H. Mark, H. Thirring, H. Hahn, G. Nöbeling, K. Menger. Krise und Neuaufbau in den exakten Wissenschaften. Fünf Wiener Vorträge. 122 S. Wien, F. Deuticke. **I 3; V 1 a.**

H. A. Merrill. Mathematical excursions. XIV + 146 p. Norwood Mass., The Norwood Press. **I 3; V 1 a.**

E. Meyerson. Réel et déterminisme dans la physique quantique. Préface de *L. de Broglie.* 49 p. Paris, Hermann. **I 2, VII 3; V 1 f, T 1 a.**

H. Mineur. L'univers en expansion. 41 p. Paris, Hermann. **VIII 2 C; U 11.**

S. A. Mitchell. Eclipses of the sun. 3. ed. New York, Columbia University Press, 1932. **VIII 2 B; U 9.**

R. de Montessus de Ballore. Index generalis 1933. 2500 p. Paris, Editions Spes. **I 1; V 1 a β.**

M. Näbauer. Vermessungskunde. I. 2. Aufl. Herausgeg. von *R. Otzen.* 401 S. 439 Abb. Berlin, J. Springer, 1932. **VIII 1; U 10.**

F. S. Nowlan. Analytic geometry. XII + 296 p. New York, McGraw-Hill Book Co. **V 5 A; V 1 a ι.**

L. S. Ornstein, W. H. Moll, H. C. Burger. Objektive Spektralphotometrie. VI + 146 S. 75 Abb. Braunschweig, F. Vieweg, 1932. **VII 1; T 3.**

F. Perrin. La dynamique relativité et l'inertie de l'énergie. 19 p. Paris, Hermann, 1932. **VII 2; T 1 a.**

M. Polanyi. Atomic reactions. 64 p. London, Williams & Norgate, 1932. **VII 3; T 1 c.**

J.-B. Pomey. Application des imaginaires au calcul vectoriel. Complément à la conférence sur le calcul vectoriel. VI + 70 p. Paris, Gauthier-Villars. **V 7; B 12 f, g.**

A. Reymond. Les principes de la logique et de la critique contemporaine. XI + 279 p. Paris, Boivin, 1932. **I 2; V 1 b.**

D. Rühl. Berechnung gegliederter Knickstäbe. 89 S. 15 Abb. 7 Tafeln. Berlin, VDI-Verlag, 1932. **VI 4 A; T 2.**

A. Sainte-Laguë. Exposés de morphologie dynamique et de mécanique du mouvement. II: Probabilités et morphologie. 31 p. Paris, Hermann, 1932. **IV 16; J 2 e.**

E. Schiebold. Die Lauemethode. Methoden der Kristallstrukturbestimmung mit Röntgenstrahlen. Bd. I. 173 S. 63 Abb. 2 Taf. Leipzig, Akademische Verlagsgesellschaft, 1932. **VII 3; T 3 f.**

J. P. C. Southall. Mirrors, prisms and lenses: A text-book of geometrical optics. 3. ed. XXIV + 806 p. New York, The Macmillan Co. **V 8; T 3 a.**

M. Talmey. The relativity theory simplified and the formative period of its inventor. With an introduction by *G. B. Pegram.* XII + 186 p. New York, Falcon Press, 1932. **VII 2; T 1 a.**

K. Thalau, A. Teichmann. Aufgaben aus der Flugzeugstatik. 345 S. 106 Tab. 291 Abb. Berlin, J. Springer. **VI 4 B; S 5 c.**

A. N. Whitehead. Adventures of ideas. XII + 392 p. Cambridge, University Press. **I 2; V 1 b.**

H. Wieleitner. Historia de las matemáticas. Traducción de *J. M. I. Almech.* 2. ed. 384 p. Barcelona, 1932. **I 1; V 2.**

L. Zehnder. Der Äther im Lichte der klassischen Zeit und der Neuzeit. 76 S. Tübingen, H. Laupp. **VII 1; T 1.**

J. I. Zolotareff. Gesammelte Werke. I, II. 434, 364 S. Redigiert von Stekloffs Phys.-Math. Institut. Leningrad, Verlag der Akademie der Wissenschaften der USSR. (Russisch.) 1931, 1932. **I 1; V 11, 9.**

Register.

FSC
www.fsc.org
MIX
Papier | Fördert
gute Waldnutzung
FSC® C083411

Zeitfracht Medien GmbH
Ferdinand-Jühlke-Straße 7
99095 Erfurt, Deutschland
produktsicherheit@kolibri360.de